水力发电厂检修起重作业

冯 盾 主编

中国三峡出版社

图书在版编目（CIP）数据

水力发电厂检修起重作业 / 冯盾主编. —北京：中国三峡出版社，2024.5
ISBN 978-7-5206-0278-5

Ⅰ. ①水… Ⅱ. ①冯… Ⅲ. ①水力发电站—起重机械—检修 Ⅳ. ①TV738

中国国家版本馆 CIP 数据核字（2023）第 013591 号

责任编辑：彭新岸

中国三峡出版社出版发行
（北京市通州区粮市街2号院 101100）
电话：（010）59401514 59401531
http://media.ctg.com.cn

北京世纪恒宇印刷有限公司印刷 新华书店经销
2024 年 5 月第 1 版 2024 年 5 月第 1 次印刷
开本：787 × 1092 1/16 印张：6.5
字数：146千字
ISBN 978-7-5206-0278-5 定价：45.00元

前 言

Preface

随着社会的飞速发展，为了尽快提高水力发电厂（简称水电厂）起重人员的专业技能，以适应企业生产的发展需要，清江公司组织各专业人员以起重设备设计、安装资料及国标为依托，结合各专业的实际生产情况编写了本书，以适应相关企业的需要。

起重工作属于特种作业。特种作业人员的教育培训是安全生产中一个极为重要的环节。特种作业因其固有的高风险特性，容易导致重大伤亡事故，这类事故往往伴随着多人伤亡，严重威胁到从业人员的生命安全。清江公司检修公司机械检修部起重班主要负责清江流域电厂设备检修运维作业过程中的起吊工作。在起重吊装工艺中，吊装方法很多，即使是同一种设备，吊装工艺也因人、因地、因时以及因现场条件的不同而不同。因此，要求起重人员不仅要熟悉安全操作规程、吊装工艺、设备的几何尺寸、重量等各项参数，还要具有根据现场环境灵活优化吊装方法和应对突发事件的能力。

本书以清江流域三大水电厂——水布垭水电厂、隔河岩水电厂、高坝洲水电厂为背景，详细介绍了桥式起重机的操作规范、操作步骤以及吊装工器具、吊装工艺等内容。本书将基础技能与现场实践紧密结合，同时注意了初级、中级、高级技工之间的合理衔接，便于在职技术工人学习。书中的基本术语、材料牌号、设备型号等均采用了新标准。本书可作为水电厂检修起重作业专业员工的培训教材及相关专业工作人员的参考用书。

本书共分3章：第1章，厂房桥式起重机；第2章，吊装工具；第3章，清江流域水电厂检修设备吊装。

参加本书编写的有：李华（部分前言）、吕强（第1章）、代轶帅（第

2 章）、冯盾（第 3 章）。全书由清江公司检修公司机械检修部起重班技术专责冯盾主编，清江公司检修公司机械检修部高级技术专责宗治田校对，清江公司检修公司机械检修部主任谢斐审核，清江公司检修公司总工程师胡钦波审定。

本书在编写过程中得到了中国长江三峡集团有限公司湖北清江水电开发有限责任公司检修公司领导及相关部室的大力支持，尤其是机械检修部及所属各专业班组提供了大量的资料，对此表示衷心感谢。因编者水平有限，书中错误和不足在所难免，欢迎大家在学习过程中提出宝贵意见和建议，以便再版时修订。

目 录

Contents

第1章 厂房桥式起重机

1.1 桥式起重机的结构

水布垭水电厂、隔河岩水电厂、高坝洲水电厂是清江流域三大水电厂，其主要起重设备分别采用 2×200t/40t、2×250t/50t、2×300t/50t 桥式起重机（简称桥机）。

桥机主要由两个小车、桥架、大车运行机构、司机室、吊钩装置、电动葫芦及附属专用工具（平衡梁、转子吊具、转轮吊具）等组成。桥机的双小车可单独运行，用吊钩进行物件的吊运工作，也可在机械连接和电气联锁后并联运行，还可用平衡梁及专用吊具起吊大件，如转子、转轮等。在桥机的司机室内可以操作双小车的同步运行和主起升机构的同步上升或下降。

桥机的桥梁采用偏转箱形主梁结构。电气控制部分安装于主梁内，连接两主梁的端梁采用铰接结构。这种结构可保证每个车轮受载均匀，每个主梁可视为一个独立的桥架。

1.2 桥式起重机司机安全技术操作规范

1.2.1 基本规定

1）桥机司机必须身体健康，经检查合格，证明无心脏病、高血压、精神不正常等疾病，并具备高空作业的身体条件。

2）桥机司机须经专门技术培训，了解本机的构造性能，熟悉操作方法、保养规程和起吊工作的信号规则，具有相当熟练的操作技能，并经国家技术监督局考试合格后持证上岗。

3）桥机司机身体患病不适时或饮酒后不准登机操作。

1.2.2 基本要求

对操作的基本要求：

（1）稳：桥机司机在操作起重机的过程中，必须做到起动、制动平稳，吊钩或负载不摇晃。

（2）准：在稳的基础上，吊钩或重物应准确地停在所需要的位置上。

（3）快：在稳、准的基础上，合理协调各机构的运行，以最短时间、最近距离完成吊运工作。

（4）安全：熟悉安全操作规程，能熟练地掌握起重机的性能，严格执行各项规章制度。在意外情况下，能迅速采取有效措施防止事故的发生或扩大。

（5）合理：在掌握机械特性的基础上，根据被吊物体的具体情况，正确地操纵控制器。

1.2.3 桥机交接班制度

1）工作完毕，交班司机应做到：

（1）将空钩起升到接近上限位置，停在规定地点，小车停在操作室一边，各控制器拨到零位，断开总闸刀开关。

（2）交班前应有 15 ～ 20min 的清扫和检查时间，检查设备的机械和电器部分是否完好，同时做好清洁工作。

（3）详细记录当班日志（工作情况、设备运行情况及设备存在的问题或需要立即排除的故障等）。

2）接班司机应做到：

（1）认真听取上一班司机口述的工作情况和查阅交班日志记录。

（2）检查起重机操作系统是否灵活、可靠和制动性能是否良好。

（3）检查固定钢丝绳是否牢固，卷筒钢丝绳排列是否正确。

（4）使用前进行空载运行检查，特别是限位开关、紧急开关、行程开关等是否安全可靠，如有问题必须修复后方可操作。

上述检查中，双方认为正常无误后，交接班人员共同在工作日报上签字，交班人员才能离开岗位。

1.2.4　桥机司机职责

1）严格执行各项规章制度，遵守劳动纪律，不迟到、不早退，工作中不抽烟、不吃东西、不看书报、不打手机。工作时精力要集中。

2）听从司索人员指挥，积极配合司索人员进行起重作业。但对任何人的违章指挥都有权拒绝执行。对违章指挥不抵制且按照违章指挥执行的，要按违章操作追究桥机司机的责任；违章指挥人员对桥机司机进行打击报复的，一经发现将追究当事人责任，加重处罚。

3）了解桥机全部机构及装置的性能和用途以及全部电气设备常识，熟悉全部机构的操作、维护知识，熟练掌握实际操作技能，并熟悉各种起重指挥信号的含义。经考核达不到本条要求的不得上岗作业。

4）坚持安全第一，不安全不生产的原则，严格执行安全操作规程，确保起重作业安全。

5）努力学习操作技术，不断提高操作技能，在操作中做到保证安全、起吊稳定、落地准确、行动快捷、操作合理。

6）按规定对起重机、吊具进行检查、维护、保养，并如实填写记录备查。

7）负责服务范围内的吊具检查，监督司索人员正确使用吊具。

8）每周对桥机进行 1 次负载试吊，即将额定负荷的重物提升离地面 0.5m 的高度，然后下降以检查起升制动器工作的可靠性，并记录备查。

9）掌握桥机突发事故的特殊操作，能正确、稳妥地处理起重机突发事故。经考核达不到本条要求的不得上岗作业。

1.2.5　起重作业“十不吊”“两不撞”

1）十不吊。

（1）指挥信号不明不吊。

（2）超负荷不吊。

（3）吊物捆绑不牢不吊。

（4）吊物上面有人或有浮放物件不吊。

（5）安全装置不灵不吊。

（6）埋在地下件不吊。

（7）光线不好，看不清楚不吊。

（8）歪拉斜挂，吊物加工不吊。

（9）带棱角物件未垫好不吊。

（10）钢水包过满或易燃易爆物品不吊。

2）两不撞。

（1）不准车与车相撞。桥机行走途中，注意观察司机室左右是否有其他桥机正在行驶，时刻保持两车距离，并踩铃提醒。

（2）不准吊物撞到其他物件。在吊运物件时，起升高度要高于其他物件 0.5m，并在经过其他高处物件时，踩铃提醒指挥人员能否越过。

1.2.6 桥机作业安全技术规则

1）操作时必须保持精力集中，不准做与操作无关的事情，不准与他人闲谈，不得擅自离开岗位。

2）起重机桥架主梁侧面必须悬挂起重量及制造厂标示牌。

3）上、下起重机应走规定的安全通道，或在扶梯上行走。除停车检查外，任何人不可在桥架或起重机的轨道上行走或通过，不准从一台桥机上跨越到另一台桥机上。

4）在起重机进行检查或修理时，起重机必须断电。

5）起重机带重物运行时，重物必须升起，至少要高于重物运行线路上的最高障碍物 0.5m。

6）禁止在桥机上抛接物品。

7）检修工具须放在专用工具箱内，以防坠落伤人。

8）禁止吊运的重物从人头上越过。

9）禁止用吊钩或在吊物上运送或起升人员。

10）禁止将易燃物品贮放在桥机上。

11）在起吊水轮机和发电机大件时，要求先找重心、调整水平后，再进行试吊。

12）吊钩上升或下降时，钢丝绳应位于卷筒和滑轮槽内，当处于下极限位置时，卷筒上的钢丝绳不得少于 3 圈。

1.2.7 起重作业安全技术操作方法

1）新员工实习操作。新员工在练习操作时，应把吊钩停在适当高度，将桥机开到安全的位置，让司机讲解要领，并做好示范，新员工方可独立进行操作练习。在操作过程中，司机要帮助分析操作中的不足之处，让新员工反复练习、体会；进行指导的司机，应站在随时可以接替新员工的适当位置，当出现手忙脚乱或危及安全时，随时帮助操作或进行接替，在练习中不应两手同时握着控制器手柄。

2）运行机构的操作。在大、小车运行操作中，应尽量避免反复起动、制动，以免造成吊物的游摆，危及作业人员的安全。司机需掌握大、小车行走速度和各挡位提升速度，以及桥机各挡位制动后车体滑行距离。

3）大、小车运行距离较长时的操作。一般应在逐步起动运行后，将控制器扳至第 5 挡，以最高速度运行，并在运行到距预定停车位置前的某一点时滑行或制动。

4）大、小车运行距离较短时的操作。根据具体情况，相应选择第 2、3 挡的速度进行吊运，不宜采用高速度运行，以便控制行车距离。

5）起升机构的操作。吊运前应先将吊钩对准吊物，挂好吊物，收紧钢丝绳找好重心后，然后提升。起钩提升或下落吊物时不可速度过快。

6）轻型负载吊运的起升操作。进挡平缓，每挡停留 1s 左右，经 5s 左右进到最高挡位，可使工作平稳；不允许把手柄较长时间置于第 1 挡提升物件，避免引起电阻温度过高。

7）重型负载吊运的起升操作。起吊重物时，不应瞬间将操作手柄从零位拨至第 5 挡，以防吊物产生的惯性造成对机构和桥架主梁的强烈冲击；不能在低位挡较长时间停留；如果提升时用控制器第二挡而电机仍不能起动，则可判定为被吊物超过额定负载，不能强行起吊。

8）重型负载下降操作。当下降重型负载时，应将控制器手柄逐级拨挡，以使重物平稳下降；长距离的重载下降，严禁采用反复制动的方式下降。

1.2.8　起重作业稳钩操作方法

行车稳钩是指在吊运的过程中保持吊钩和所吊运的物体平稳。

1）前后游摆稳钩操作。当吊物向前摆动时，将运行机械向吊钩或吊物摆动的方向跟车。当吊钩摆到前方，接近顶点，即吊钩摆到终点快要往回摆时，将运行机械的控制器拨回零位，使吊钩稳定住。

2）原地稳钩操作。要求掌握好吊钩摆动的角度，即先跟车到摆角的 1/2，使吊钩摆幅减小一半，这时吊钩回摆，再往回跟车到原吊钩摆幅的 1/2，即第一次减小后剩下的 1/2 摆角，最后使吊钩稳定住。

3）起车稳钩操作。在起车时，当车体向前起动，因钢丝绳具有挠性，吊钩必然拖后一步，这时把控制器手柄拉回零位，然后再根据摆角大小掌握起车速度，使车体与吊钩或吊物同步前进，从而克服吊钩或吊物的摆动。

4）吊运稳钩操作。当吊钩或吊物向前摆动时，可以提高车速，使运行机械跟上吊钩的摆动，如果吊钩摆到前方后因受钢丝绳拉力的影响往回摆，此时应迅速将运行机械控制器的手柄拉回低挡位，减慢机构运行速度，以减小吊钩的回摆幅度。按以上方法重复操作，进行稳钩。

5）停车稳钩操作。停车稳钩是保证吊物准确迅速地停在指定位置的关键。停车时，如果吊物向前摆动，则应在停车后顺吊物向前摆的方向立刻再次送电跟车。如果停车距预想位置比较近，可以在吊物向回摆时停车。

6）稳抖动钩操作。当吊物向前方慢速大幅度摆动，而吊钩以小角度快速抖动，且方向相同时，可快速跟钩，随后将控制器快速拉回零位；当吊物向回摆，吊钩小角度向回抖动时，向回快速跟钩后，还是将控制器快速拉回零位。这样每稳 1 次，就可以减小摆动和抖动的频率，几次操作就可稳住。

7）稳圆弧钩操作。起重机因操作不当，会使吊物画圆圈，此时按吊钩或吊物画圆的方向和大小，拉动控制器，使大车和小车追上画圆的距离和角度，使小车也产生相应的曲线运动，即可把圆弧钩稳住。

1.2.9 物件翻身操作方法

起重作业通常有以下几种物件翻身操作方法。

1）兜底翻操作。地面翻转物体也叫兜底翻。操作时，翻转用的钢丝绳挂在物件的底部或者侧面的下角，吊钩保持垂直上升的位置，并随时校正车体位置，同时在物件翻转的一瞬间，吊钩要迅速下落，以防引起桥架的振动，在翻转情况稍微复杂的物件时，还要估计到物件被翻转后发生连续翻动的可能性。

2）游翻操作。把工件吊到适当的高度，先造成人为的摆动，当振幅达到最大值的一瞬间，再迅速落钩并同时向回带车，使物体下部着地，上部靠自身的惯性作用向前倾倒，吊钩继续顺势下落，操作时，要随时注意校正吊钩在翻转过程中的垂直位置。

3）带翻操作。首先把物件起吊并使其离开地面，然后再慢慢降落，物件刚刚与地面接触时，迅速开动大车或小车，以车体的移动带动倾斜绷紧的钢丝绳带动使物件倾倒，这时开动卷扬机落钩并控制其下降速度，使物件很平稳地翻倒。

4）空中翻转操作。空中翻转操作分为单钩翻转和双钩翻转两种形式。单钩翻转是把物件吊起到适当的高度，再用人操纵翻转；双钩翻转是靠主、副钩的协调动作完成的，翻转时，要时刻注意主、副钩的升降情况，不要翻错方向。

1.2.10 吊装精密机件的操作

1）操作起重机必须平稳，不产生冲击和振动，动作准确无误。

2）熟练地进行点动开车，既能微动各机构，以满足生产工艺对慢速微动的需要，又要确保不能对机构和桥架产生振动和冲击。

3）对于有些大而长的机件，在吊装时由于平衡比较困难，不易找正对中，应配合手拉葫芦进行操作，来调整机件的水平度，可以做到机件的细微调整。

1.2.11　起重机司机室侧移动物件时的操作

1）司机在起吊时既要注意被起吊的物件，又要看清物件的吊运线路及落放地点。

2）先将物件起吊并开动小车到吊运通道。

3）开动大车，沿吊运通道到吊物至物件落点的正前方；然后开动小车，把吊物运至落放位置并下降。

1.2.12　起吊物无视线时的操作

1）应有两人指挥，一人在吊物处指挥，另一人在司机、吊物处和指挥人员都能见到的位置指挥。

2）司机操作需严格按指挥信号执行。

1.2.13　用一台桥机的主、副钩同时作业时的操作

在操作桥机时，主、副钩经常轮换使用，在主、副钩换用时不能在主、副钩达到相同高度后同时开动两个钩，必须在一吊钩停在一定高度位置之后再使用另一吊钩。

1.2.14　两台桥机并车吊装物件（发电机转子等）的操作

1）两台桥机进行机械、电气并车，并车后做空载试验，及时检查并车性能是否完善，具备起吊能力后，大、小车行走到转子中心进行定点、定位。

2）对桥机主起升机构制动器进行调整，使其间隙合适，制动后滑行距离一致。

3）确定专人指挥，专人技术指导，指定专人对桥机机械及电气进行监护，应选派具有一定经验、技术好的人员担任主司机。

4）大钩起升速度控制在 1m/min，大车行车速度控制在 31.7m/min，小车行走速度控制在 13m/min。

5）由指挥人员指挥两台桥机同时起升，并使主钩受力均匀，检查吊点中心是否偏离。

6）转子第一次起升到离地面 0.1m 停车，检查制动刹车及电气元件无异常情况后，第二次起升到离地面 0.8m 停车，然后下降 0.4m 停车，检查刹车情况，第三次起升到离地面 1m 停车，然后下降 0.3m 停车。起升、停车、下降无异常情况后，起升到离地面 1.6m，小车行走到桥机钢梁跨度中点，测量钢梁挠度，然后转子落回复位，复测钢梁挠度，再起升到离地面 2m 以上运行，运行时须超过障碍物 0.5m 高。

7）大车以 31.7m/min 的速度运行到转子中心，大车定好位置，找正中心。

8）当转子以 0.33m/min 的速度下降到离定子 0.2 ～ 0.5m 时，微动大车及小车，对正转子与定子的中心。

1.2.15　起升机构变速操作

变速时预先将吊钩放到地面或设法支住，以防变速减速器齿轮脱开时卷筒转动，吊钩下落，然后松开变速手柄的固定螺钉，同时脚踏松闸开关。通电后，液压推杆制动器松闸，一手稍微转动制动轮，另一手扳动变速手柄，当手柄扳到要求位置时，拧紧固定螺钉以后，才准开动起升机构，否则起升过程中若离合器脱开会发生事故。在使用 250t 起吊时，更要当心手柄位置是否正确，以免造成起重重量与提升速度不匹配，从而损坏电机和机构。还应注意变速用脚踏开关和起升电动机之间的联锁，以防在小车上变速时司机室中有人操作而发生重大事故。

1.2.16　起升机构制动器突然失效时的应急操作

制动器突然失效后，应立即进行 1 次手柄反向操作。如电气能有效地控制，应判断为制动器的机械损坏，并采用反复升降的方式将吊物送到安全地点落下。在此期间不得操作控制器过猛，避免过流继电器动作而使事故扩大，造成电机同时失控。在处理事故的同时，应发出警告信号。如手柄反向操作无效，应判断为电气故障，需紧急按下事故开关，并通知有关人员处理。

1.2.17　桥机发生故障时的操作

桥机发生故障时，司机应立即停止工作，切断电源。如果吊有重物，则应发出信号通知下面的指挥人员，并立即请有关人员进行检修。修好后经过试车，确认桥机恢复完好后方可工作。桥机不得带病工作，如果停车时间较长，则应设法将吊物放下或垫起来。

1.2.18　造成人身或设备事故时的操作

司机应立即停止工作，切断电源，保护现场，及时上报并组织技术人员分析处理，不经允许绝不能随便动车。

1.3 水电厂桥式起重机操作步骤

1.3.1 操作前的检查

1）送电前，要对大车、小车轨道进行检查，清除障碍物，检查各安全限制器是否可靠。

2）进入主电源梁，先将照明空气开关合上，使主梁内照明充足。

3）检查各电源柜的电气元件是否有异常，各开关是否在合上的位置。

（1）确认配电及辅助控制屏上的一些开关处在“合闸”的位置。

（2）确认各个机构控制屏上的一些开关处在“合闸”的位置。

1.3.2 上电及断电

1）在司机室联动控制右台上，将钥匙开关打在“通”的位置，按“主接触器合”按钮，设备的主接触器吸合。

2）将钥匙开关打在“断”的位置，主接触器断开；按下“断主接触器”按钮，主接触器断开。

3）按下“紧急停止”按钮，设备进线电源开关断开（正常情况下禁止操作）。

1.3.3 单机操作

1）将司机室联动控制左台上的旋转开关置于“正常”位置，即可对本台桥机进行操作。

2）联动控制左台上的选择开关用来选择本设备的 1 号或 2 号小车和起升。

3）联动控制左台上的主令开关控制 1 号或 2 号小车的起升和下降（推：下降；拉：上升）。

4）联动控制右台上的主令开关控制 1 号或 2 号小车的行走（推：向前；拉：向后）。

5）联动控制右台上的主令开关控制大车的行走（左：向左；右：向右）。

1.3.4 并车操作

1）并车准备。

（1）将 1 号和 2 号小车靠近，连接机械连接杆，连接时，可能会由于限位开关动作的原因，1号小车向前或2号小车向后被停止，这时，按住联动控制右台上的“小车并车准备”按钮，可以继续对1号小车向前或2号小车向后进行操作，直至联动控制左台“小车并车限位”指示灯亮。

（2）将1号和2号桥机靠近，连接机械连接杆，连接时，可能会由于限位开关动作的原因，1号桥机向左或2号桥机向右被停止，这时，将联动控制左台上的选择开关打在“大车并车准备”位置，可以继续对1号桥机的大车向左或2号桥机的大车向右进行操作，直至联动控制左台“大车并车限位”指示灯亮。

2）并车操作。

（1）连接并车通信电缆，从1号桥机PLC控制屏的通信接口连接至2号桥机的通信接口。

（2）选择并车，将两台桥机联动控制左台上的选择开关打在“并车”位置。

（3）选择主车，即操作车，用桥机联动控制右台上的选择开关“并车主车/并车它车”进行选择，一台选“并车主车”，另一台选“并车它车”，选择了“并车主车”的就是操作车，操作员在该司机室进行操作。

（4）选择了“并车它车”的设备的操作。

①将停止按钮恢复到右旋弹起的位置。

②将钥匙开关打在“接通”位置。

③将选择开关打在“双小车”位置。

④上电、操作步骤与单台运行的操作步骤相同。

⑤联动控制左台上的选择开关同时兼具“并车调整本车”和“并车调整它车”功能，用来在并车运行时，调整1号桥机或2号桥机的起升机构的高度或小车机构的行程。

1.3.5 起升操作

起升时，将操作杆逐级拉到上升位置，避免操作动作过快而损坏机构。

1.3.6 下落操作

下落时，应将操作杆拉到下落位置，要直接拉到最后一挡，这样可以得到最小时速。

1.3.7 工作完毕

1）将各操作杆放回零位，拉起锁定装置，按电源按钮，使各机构断电。

2）进入主电源梁按下主电源柜上的分闸按钮，拉开照明空气开关。

3）关好各安全装置，关好门。

1.4 桥机试车

1.4.1 试车前的准备与检查

1）检查各机构及结构安装是否符合设计要求，轨距偏差和同断面轨面高差均不大于轨距的 1/1500。轨道有良好的接地，接地电阻小于 10Ω，轨道坡度不应大于 1/1 500。

2）检查钢丝绳在卷筒上的固定是否牢固，缠绕是否正确。

3）检查各机构限位开关及安全装置是否齐全。

4）检查各制动器闸瓦是否抱紧制动，轮弹簧是否完好。

5）清除大小轨道及回转范围内障碍物及杂物。

1.4.2 无负荷试车

1）只有在试车前准备工作完成后方可进行。

2）无负荷试车试验项目。

（1）起升机构至少升降 3 次。

（2）小车在行走范围内往返 3 次。

（3）大车在可能行走范围内往返 3 次。

（4）桥机电动葫芦试验升降 2 次，沿行走轨道全程往返 2 次。

3）无负荷试验检查项目。

（1）钢丝绳在卷筒及滑轮上的缠绕情况。

（2）小车是否啃轨。

（3）齿轮在运转过程中是否有振动和噪声。

（4）各机构制动器动作可靠，并进行适当调整。

（5）轴承温升及温度是否正常。

（6）减速器、联轴器、轴承等是否漏油。

1.4.3 静负荷试验

1）无负荷试车后，各项检查情况正常，可进行静负荷试车。

2）起吊额定负荷，在小车轨道上往返3次，然后卸去负荷使小车停在跨中，起吊1.25倍额定负荷，吊起1m停留10min，卸下负荷检查主梁，门腿有无永久变形。最后使小车停在跨中起吊额定负荷，主梁挠度不大于$L/700$。

1.4.4 动负荷试车

1）吊起110%的额定负荷，同时动作两种机构，使起升机构和运行机构反复运转达10min。

2）电动葫芦吊起110%额定负荷，升降小车沿工字钢轨道运行2次。

3）检查项目。

（1）起升是否达到额定速度，制动器上限位动作是否可靠。

（2）运行机构终点限位开关和缓冲器工作性能。

（3）钢丝绳的工作情况。

（4）大、小车是否啃轨。

（5）齿轮有无撞击声及杂音。

（6）制动器是否灵敏正常，制动力矩是否符合要求，两边闸瓦与制动轮间隙是否一致。

（7）减速器箱体是否漏油。

（8）金属结构的焊接质量：有无脱焊、裂纹等缺陷。

（9）额定负荷下各机构的速度。

（10）带负荷行走紧急刹车试验。起吊50%额定负荷全速向左、右行驶，紧急刹车，检查各机构有无异常。

1.4.5 过负荷试车

1）负荷按组合形式进行。

2）达到满载时电子秤应报警，过载自动切断总电源。

1.4.6 试车安全注意事项

1）司机必须能熟练操作，熟悉起重机各项规程。

2）在试车前，对起重机进行全面清扫。

3）做好试车前的检查工作及准备工作。

4）非工作人员严禁进入试验区。

5）缓冲器装设是否妥善。

6）试验电源是否可靠。

7）试验中发现异常，应立即报告指挥人员。

8）试验完毕的项目有详细试验记录，以备查证。

1.5 桥机各机构的安全技术检验

1.5.1 吊钩的安全技术检查

1）起重机吊钩每年至少检查 1 次，清洗润滑并要定期退火，以免由于疲劳而出现裂纹。

2）锻钩出现下列情况之一时，应更换：

（1）用 20 倍放大镜观察表面，如有裂纹、破口或发纹。

（2）钩的危险断面高度磨损超过 10%。

（3）用额定负荷的 125% 做负荷试验，悬挂 10min，卸载后钩口产生永久变形。

（4）钩尾有螺纹部分和没螺纹部分过渡圆角处有疲劳裂纹。

（5）开口度比原尺寸增加 15%，扭转变形超过 10°。

（6）危险断面吊钩颈部产生塑性变形。

1.5.2 钢丝绳的安全技术检验

钢丝绳在卷筒上，应能按顺序整齐排列。并车运行时，应有平衡梁。当吊钩处于工作位置最低点时，钢丝绳在卷筒上的缠绕，除固定绳尾的圈数外，必须不少于 3 圈。对于 6×19 的钢丝绳，在一个捻距内断丝数达到表 1–1 中的规定值，应更换。

表 1–1　捻距内断丝数规定值

钢丝绳钢丝数	6×19
交叉捻	12
单向捻	6

钢丝绳磨损或腐蚀达原直径的 40% 或以上者应更换。

当钢丝绳表面有了明显的磨损时，钢丝绳每捻距中允许的最大断丝数按表 1–2 折算。

表 1–2 钢丝绳每捻距中允许的最大断丝数折算表

磨损占原直径比例 /%	10	20	25	30
断丝数折减系数 /%	85	70	60	50

1.5.3 卷筒的安全技术检验

1）卷筒属转动零件，因此需要经常润滑，每月或每两月做 1 次全面检查。

2）卷筒上钢丝绳尾端的固定装置，应有防松或自紧的性能。检查钢丝绳尾端的固定情况，应每月检查 1 次。

3）卷筒出现下列情况之一时，应报废：

（1）卷筒的圆柱面和筒毂有裂纹。

（2）筒壁磨损达原壁厚的 20%。

1.5.4 滑轮的安全技术检验

1）滑轮要经常润滑，每月或每两月做 1 次全面检查。

2）滑轮应有防止钢丝绳跳出轮槽的装置。

3）滑轮出现下列情况之一时，应报废：

（1）轮辐板滑轮缘有裂纹。

（2）轮槽不均匀磨损达 3mm。

（3）轮槽壁厚磨损达原壁厚的 10%。

（4）因磨损使轮槽底部直径减少量达钢丝绳直径的 25%。

（5）轴磨损达公称直径的 3% ～ 5%。

1.5.5 车轮的安全技术检验

1）用小锤敲击车轮，检验轮上是否有裂纹，如有则应更换。

2）车轮滚动面须平整，表面布氏硬度为 300 ～ 400 范围内，滑动面磨损不得超过原厚度 10%，否则应更换；轮缘厚度磨损达原厚度 50% 时应更换。

3）两相配对的主动轮直径误差不得超过公称直径的 0.5%。

4）椭圆度达 1mm 时应更换。

1.5.6 齿轮与减速器的安全技术检验

1）大修时，检查齿轮磨损情况，起升机构齿轮磨损达原齿厚的 8% ～ 15%，运行机构齿轮磨损达原齿厚的 25%，开式齿轮磨损达原齿厚的 30%，应更换。

2）大修时，检查发现有裂纹、断齿或齿面点蚀损坏达啮合面的 30%，且深度达原齿厚的 10% 时应更换。

3）经常检查地脚螺栓有无松动。减速器外壳，特别是安装轴承处不得过热，齿轮箱内温度不应超过 60 ～ 70℃。

4）监听齿轮啮合声音，应轻快均匀，不得有噪声及撞击声。

5）根据油质，每半年或一年更换新油。

6）箱体接合面、端盖及放油孔等处是否漏油，检查密封圈及弹簧是否完好。如果漏油可对表面进行研磨，表面粗糙度不大于 1.6μm，接合面间隙不超过 0.03mm，然后涂上密封胶，压紧螺栓。

7）齿轮轴允许径向跳动不大于 0.02 ～ 0.03mm，传动轴直度不超过 0.5mm，超过此值应予以矫正。

1.5.7　联轴器安全技术检验

1）检查联轴器外观应无裂纹，运行期间不发出异常的声音，否则应更换。

2）万向联轴器出现下列情况之一时，应检修：

（1）在运转时漏油。原因为轴承密封安装不当或胶圈老化、磨损，导致密封不严。应更换油封。

（2）螺栓松弛或断裂。原因为铰制螺栓精度差。应更换螺栓。

（3）滚针轴承发热。原因为啃道、扭矩增大或者滚针轴承内缺油。应加油或更换。

1.5.8　制动器的安全技术检验

1）每次起吊重物时，要先将重物吊起离地 0.15 ～ 0.2m，检验制动器是否可靠，然后再吊。

2）制动器的零件出现下述情况之一时，应报废：

（1）杠杆或弹簧出现裂纹。

（2）制动瓦厚度磨损达原厚度的 50%。

（3）弹簧出现塑性变形。

（4）小轴及心轴要表面淬火，当磨损量达原直径的 5% 和椭圆度超过 0.5mm 时应更换。

3）制动轮与闸瓦间隙要均匀一致，闸瓦开度不超过 1mm。

4）制动轮的制动摩擦面，不应有妨碍制动性能的缺陷或沾染油污。

5）制动轮出现下列情况之一时，应报废：

（1）出现裂纹。

（2）起升、变幅机构的制动轮，轮缘厚度磨损达原厚度的 40%。

（3）其他机构的制动轮，轮缘厚度磨损达原厚度的 50%。

（4）轮面凹凸不平度达 1.5mm 时，如能修理，修复后轮缘厚度应符合本条中（2）、（3）项的要求。

（5）制动轮表面硬度 HB 为 400 ～ 500，淬火层深度达 2 ～ 3mm，如制动轮磨损达 1.5 ～ 2mm 时，应更换。

1.5.9 行走机构安全技术检验

1）检查大小车行走机构传动轴及车轮轴，有裂纹者应更换。

2）轴颈在大修后的椭圆度及圆锥度不大于 0.03mm。

1.5.10 小车架安全技术检验

1）小车跨距偏差 ΔL 不超过 ±3mm。

2）小车架车轮中心对角线偏差≤3mm。

3）小车架上平面的横向水平度≤L/1 000。

4）车轮轴承箱水平垫板支承面的高低偏差不超过 2mm。

1.5.11 主梁的安全技术检验

1）主梁上拱度≤（1/2 000 ～ 1/1 000）L。

2）主梁旁弯≤1/20 000L。

3）主梁腹板波浪受压区＜8mm/1m，受拉区＜1.5mm/1m。

4）梁跨度偏差≤ ±5mm。

5）桥架对角线偏差≤5mm。

第 2 章 吊装工具

2.1 吊环螺栓

2.1.1 术语和定义

2.1.1.1 名义尺寸

与吊环螺栓螺纹名义直径 d 有关的尺寸。

2.1.1.2 极限工作载荷

在一般起重作业中规定吊环螺栓沿轴心线能承受的最大重量。

2.1.1.3 追溯码

吊环螺栓上标记的系列字母和 / 或数字。由该码可追溯吊环螺栓生产历史，包括所用钢材冶炼炉号的识别。

2.1.1.4 验证力

制造验证试验中在吊环螺栓上施加的力。

2.1.1.5 破断力

在静拉力试验中，吊环螺栓破断时的最大拉力。

2.1.1.6 轴向载荷

沿吊环螺栓轴心线的载荷，见图 2-1。

2.1.1.7 斜向载荷

与吊环螺栓轴心线夹角为 β 的载荷，见图 2–1。

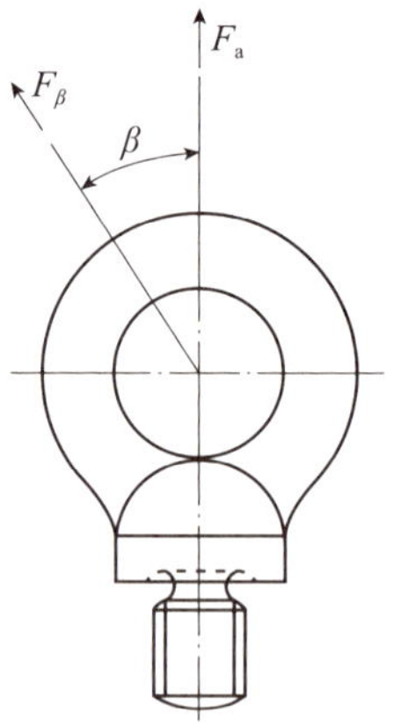

图 2–1 吊环螺栓的轴向和斜向载荷

F_a—轴向载荷；F_β—斜向载荷；β—斜向载荷与轴心线的夹角

2.1.2 尺寸和公差

吊环螺栓的尺寸应符合图 2–2 和表 2–1 的要求。对于环眼内径 E，允许的圆度偏差为 5%；对于环眼横截面直径 F，允许的对称度的公差为 5%。

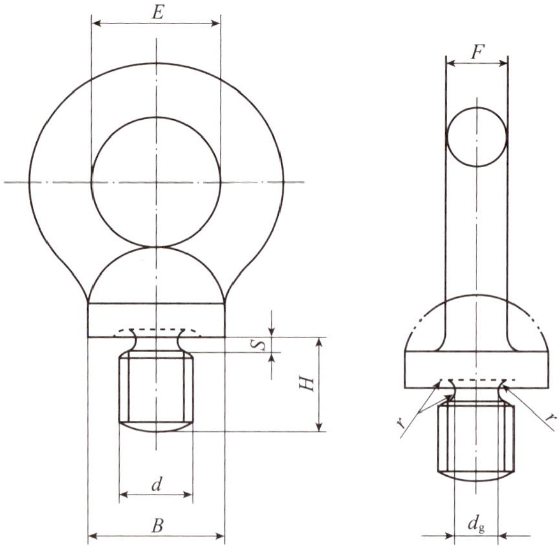

图 2–2 吊环螺栓

B—凸缘直径；d—螺纹名义直径；d_g—螺栓退刀槽直径；E—环眼内径；F—环眼横截面直径；H—凸缘的下底面到螺杆底边的高度；r—凹槽底下连接退刀槽处的圆弧半径；S—凸缘的下底面到第 1 圈螺纹的距离

表 2-1　吊环螺栓的尺寸

1	2	3	4	5	6	7	8
名义尺寸（螺纹名义直径）d / mm	极限工作载荷 WLL / t	E 的最小值 $(20\times\sqrt{WLL})$ / mm	$H(1.5d)$ / mm	F 的最大值 $(14\times\sqrt{WLL})$ / mm	R 的最小值 / mm	B 的最小值 $[(26\times\sqrt{WLL})+5]$ / mm	$S(0.25d)$ / mm
8	0.2	9	12	6	1	17	2
10	0.32	11	15	8	1	20	3
12	0.4	13	18	9	1	21	3
16	0.8	18	24	13	1	28	4
20	1.6	25	30	18	1	38	5
24	2.5	32	36	22	2	46	6
30	4	40	45	28	2	57	8
36	6.3	50	54	35	3	70	9
42	8	57	63	40	3	79	11
48	10	63	72	44	3	87	12
52	12.5	71	78	49	3	97	13
56	16	80	84	56	4	109	14
64	20	89	96	83	4	121	16
螺纹名义直径 × 螺距（$d\times P$）/（mm × mm）							
72 × 6	25	100	108	70	4	135	18
80 × 6	32	113	120	79	4	152	20
90 × 6	40	126	135	89	5	169	23
100 × 6	50	141	150	99	5	189	25

2.1.3　螺纹

螺杆的螺纹部分应符合 ISO 261 中的粗牙螺距系列规定。螺纹的公差应符合 ISO 965–1 中 6g 公差带的要求。

螺纹退刀槽直径 d_g 等于螺纹小径减去 0.3mm。

螺纹根部的螺纹段应有退刀槽并且凸缘应开槽，见图 2–2。

2.1.4 加工工艺

吊环螺栓（包括螺杆部分）应整体锻造无焊接。凸缘的下底面与螺杆轴心线应加工成精准的直角。螺杆与凸缘外径应同轴。螺纹退刀槽和凹颈应倒圆光滑且无表面缺陷。

2.1.5 材质

2.1.5.1 总则

吊环螺栓用钢应由电炉或吹氧转炉冶炼而成，制造吊环螺栓的条钢或成品吊环螺栓应符合规定的熔炼分析或检验分析的要求。

2.1.5.2 特殊要求

钢材应为镇静钢，可锻性好，且经过热处理后能满足本标准的机械性能要求。

钢中的硫、磷含量不应超过表 2-2 的规定。

表 2-2 硫和磷含量

元素	最大含量（质量分数）/%	
	熔炼分析	检验分析
硫	0.025	0.04
磷	0.03	0.04

钢材冶炼应符合晶粒细化的要求，以便在按照 ISO 643 中的规定进行检验时达到奥氏体 5 级晶粒度或更细的品级。例如，可采用对材料组织进行稳定化处理的方法，即通过确保钢材含有足够量的铝或起相同作用的其他合金元素，防止使用期间发生应变时效脆裂。推荐的最小铝含量为 0.025%。

在上述规定的范围内，吊环螺栓制造商有责任选择合适的钢材，制造出经适当的热处理后满足本标准规定的机械性能要求的成品吊环螺栓。

2.1.6 机械性能

吊环螺栓的机械性能用表 2-3 中规定的轴向验证力、最小轴向破断力和斜向载荷的变形试验确定。

表 2-3　机械性能

1	2	3	4	5	6	7
名义尺寸（螺纹名义直径）d /mm	极限工作载荷 WLL /t	轴向验证力 /kN	最小轴向破断力 /kN	$0<\beta\leqslant45°$ 时成对吊环螺栓的最大工作载荷（1.4×WLL）/t	$\beta=45°$ 时成对吊环螺栓斜向验证力 /kN	$\beta=45°$ 时成对吊环螺栓最小斜向破断力 /kN
8	0. 2	4	8	0.28	5.6	11.2
10	0.32	6.4	12.5	0.44	9	18
12	0.4	8	16	0.56	11.2	22.4
16	0.8	16	32	1.12	22.4	44.8
20	1.6	32	63	2.24	44.8	89.6
24	2.5	50	100	3.5	70	140
30	4	80	160	5.6	112	224
36	6.3	125	250	8.82	176.4	352.8
42	8	160	320	11.2	224	448
48	10	200	400	14	280	560
52	12.5	250	500	17.5	350	700
56	16	320	630	22.4	448	896
64	20	400	800	28	560	1120
螺纹名义直径 × 螺距（$d\times P$）/（mm × mm）						
72 × 6	25	500	1000	35	700	1400
80 × 6	32	630	1250	44.8	896	1792
90 × 6	40	800	1600	56	1120	2240
100 × 6	50	1000	2000	70	1400	2800

2.2 卸扣

2.2.1 卸扣的结构

2.2.1.1 卸扣

由扣体和销轴等两个易拆零件装配而成的组合体。

2.2.1.2 扣体

卸扣的两个零件之一。由一根适合截面的棒材经弯曲锻制而成，两端带有同轴环眼。

2.2.1.3 扣顶

扣体与销轴相对的部分。

2.2.1.4 环眼

扣体尾端穿销轴用的同轴孔的环形部分。

2.2.1.5 销轴

穿过环眼的圆棒，其就位时安全可靠并便于拆卸。

2.2.1.6 D 形卸扣

扣顶呈半圆形，其内半径等于两环眼之间内宽 *W* 一半的卸扣，见图 2–3。

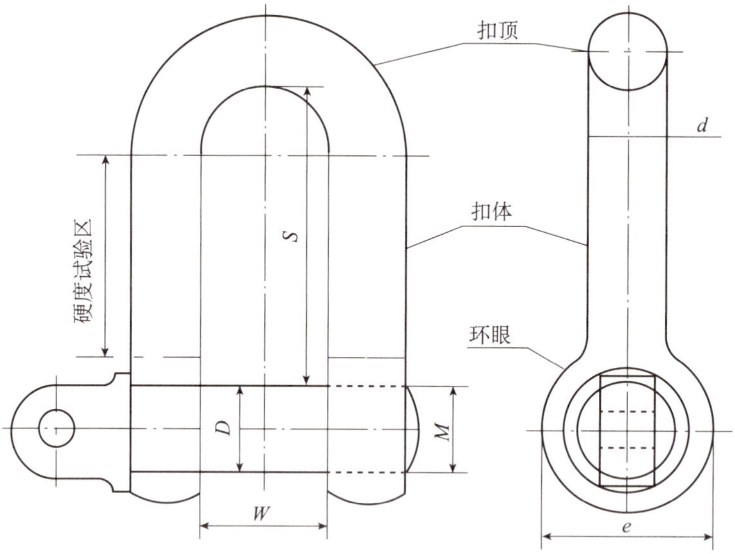

图 2–3　D 形卸扣

2.2.1.7 弓形卸扣

扣顶呈大半个圆形，其内半径大于两环眼之间内宽 *W* 一半的卸扣，见图 2–4。

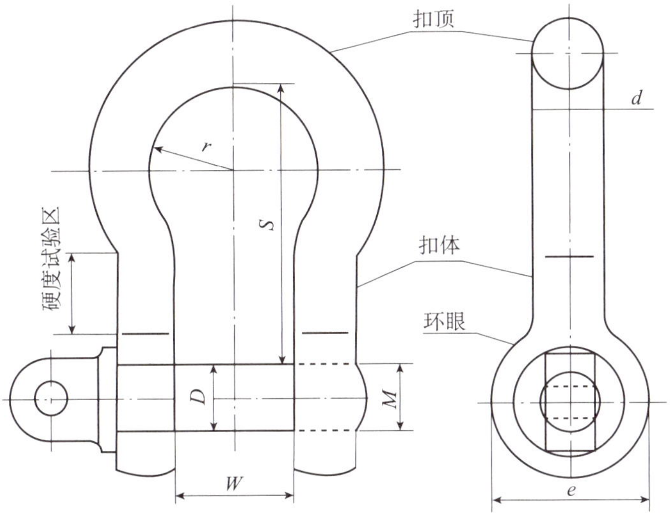

图 2–4　弓形卸扣

2.2.1.8　极限强度

在拉伸试验中卸扣失去承载能力时所受到的最大作用力。

2.2.1.9　验证力

对成品卸扣进行试验时所施加的作用力。

2.2.1.10　额定起重量（极限工作载荷）

卸扣在正常使用条件下设计规定承受的最大质量。

2.2.1.11　工作载荷

卸扣在某一特定工况下可以承受的最大质量。

2.2.2　卸扣的类型和基本参数

2.2.2.1　卸扣型式

（1）D 形卸扣，其形状如图 2–3 所示，代号为 D。

（2）弓形卸扣，其形状如图 2–4 所示，代号为 B。

2.2.2.2　卸扣销轴型式

（1）W 型：带环眼和台肩的螺纹销轴，如图 2–5（a）所示。

（2）X 型：六角头螺栓、六角螺母和开口销，如图 2–5（b）所示。

（3）Y 型：沉头螺钉，如图 2-5（c）所示。

（4）Z 型：在不削弱卸扣强度的情况下采用的其他型式的销轴。

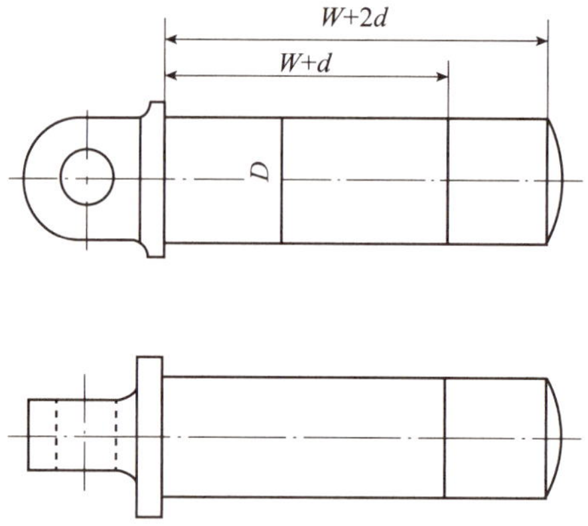

(a) W型：带环眼和台肩的螺纹销轴

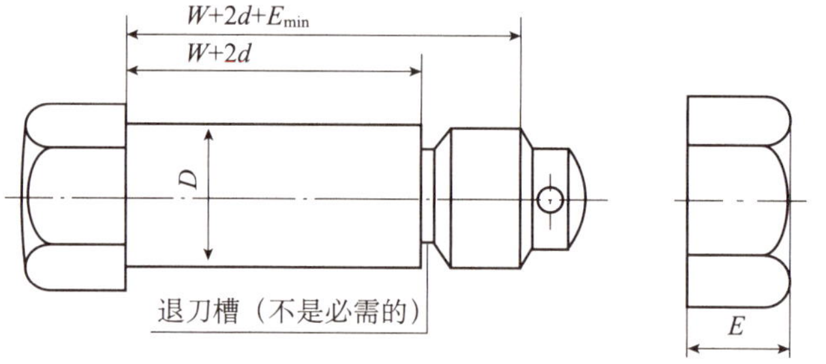

(b) X型：六角头螺栓、六角螺母

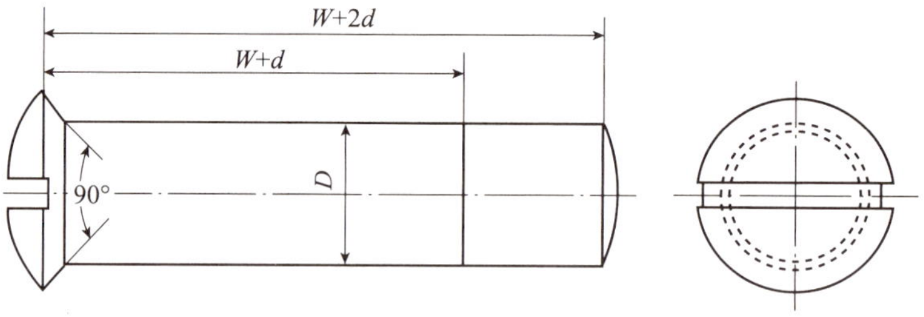

(c) Y型：沉头螺钉

图 2-5　卸扣销轴型式

2.2.2.3　基本参数

D 形卸扣的尺寸必须符合表 2-4 的规定。弓形卸扣的尺寸必须符合表 2-5 的规定。

1）卸扣的光孔直径不得超过以下值：

（1）当 $D \leqslant 20\text{mm}$ 时，孔径为 $D+1\text{mm}$。

（2）当 D 为 20 ～ 45mm 时，孔径为 D+1.5mm。

（3）当 D>45mm 时，孔径为 D+2mm。

注：D 为螺纹销轴、六角螺栓或销轴的直径（见图 2–5）。

2）型号表示方法

（1）起重量：单位为 t。

（2）销轴型式：W，X，Y 或 Z。

（3）卸扣型式：D（D 形卸扣），B（弓形卸扣）。

（4）强度级别：M（4），S（6），T（8）。

3）标记示例

（1）销轴为 W 型、起重量 20t 的 M（4）级 D 形卸扣标记为：

卸扣 M–DW 20 JB 8112—1999 或卸扣 4–DW 20 JB 8112—1999。

（2）销轴为 X 型、起重量为 10t 的 T（8）级弓形卸扣标记为：

卸扣 T–BX 10 JB 8112—1999 或卸扣 8–BX 10 JB 8112—1999。

表 2–4　D 形卸扣的尺寸

额定起重量			d_{max} [1]	D_{max} [2]	e_{max}	S_{min} [3]	W_{min} [2]	推荐销轴螺纹
M（4）	S（6）	T（8）						
t			mm					
		0.63	8	9	$2.2D_{max}$	18	9	M9
	0.63	0.8	9	10		20	10	M10
	0.8	1	10	11.2		22.4	11.2	M11
0.63	1	1.25	11.2	12.5		25	12.5	M12
0.8	1.25	1.6	12.5	14		28	14	M14
1	1.6	2	14	16		31.5	16	M16
1.25	2	2.5	16	18		35.5	18	M18
1.6	2.5	3.2	18	20		40	20	M20
2	3.2	4	20	22.4		45	22.4	M22
2.5	4	5	22.4	25		50	25	M25
3.2	5	6.3	25	28		56	28	M28
4	6.3	8	28	31.5		63	31.5	M30
5	8	10	31.5	35.5		71	35.5	M35
6.3	10	12.5	35.5	40		80	40	M40
8	12.5	16	40	45		90	45	M45
10	16	20	45	50		100	50	M50
12.5	20	25	50	56		112	56	M56

续表

额定起重量			d_{max} 1)	D_{max} 2)	e_{max}	S_{min} 3)	W_{min} 2)	推荐销轴螺纹
M(4)	S(6)	T(8)						
t			mm					
16	25	32	56	63	$2.2D_{max}$	125	63	M62
20	32	40	63	71		140	71	M70
25	40	50	71	80		160	80	M80
32	50	63	80	90		180	90	M90
40	63		90	100		200	100	M100
50	80		100	112		224	112	M110
63	100		112	125		250	125	M125
80			125	140		280	140	M140
100			140	160		315	160	M160

1）d_{max} 计算公式：

M(4)：$14\sqrt{WLL}$；

S(6)：$11.2\sqrt{WLL}$；

T(8)：$10\sqrt{WLL}$。

2）D_{max} 和 W_{min} 计算公式：

M(4)：$16\sqrt{WLL}$；

S(6)：$12.5\sqrt{WLL}$；

T(8)：$1.2\sqrt{WLL}$。

3）S_{min} 计算公式：

M(4)：$31.5\sqrt{WLL}$；

S(6)：$25\sqrt{WLL}$；

T(8)：$22.4\sqrt{WLL}$。

表 2-5　弓形卸扣的尺寸

额定起重量			d_{max} 1)	D_{max} 2)	e_{max}	$2r_{min}$ 3)	S_{min} 4)	W_{min} 2)	推荐销轴螺纹
M(4)	S(6)	T(8)							
t			mm						
		0.63	9	10	$2.2D_{max}$	16	22.4	10	M10
	0.63	0.8	10	11.2		18	25	11.2	M11
	0.8	1	11.2	12.5		20	28	12.5	M12
0.63	1	1.25	12.5	14		22.4	31.5	14	M14
0.8	1.25	1.6	14	16		25	35.5	16	M16
1	1.6	2	16	18		28	40	18	M18
1.25	2	2.5	18	20		31.5	45	20	M20

续表

额定起重量			d_{max} 1)	D_{max} 2)	e_{max}	$2r_{min}$ 3)	S_{min} 4)	W_{min} 2)	推荐销轴螺纹
M(4)	S(6)	T(8)							
t			mm						
1.6	2.5	3.2	20	22.4		35.5	50	22.4	M22
2	3.2	4	22.4	25		40	56	25	M25
2.5	4	5	25	28		45	63	28	M28
3.2	5	6.3	28	31.5		50	71	31.5	M30
4	6.3	8	31.5	35.5		56	80	35.5	M35
5	8	10	35.5	40		63	90	40	M40
6.3	10	12.5	40	45		71	100	45	M45
8	12.5	16	45	50		80	112	50	M50
10	16	20	50	56		90	125	56	M56
12.5	20	25	56	63	$2.2D_{max}$	100	140	63	M62
16	25	32	63	71		112	160	71	M70
20	32	40	71	80		125	180	80	M80
25	40	50	80	90		140	200	90	M90
32	50	63	90	100		160	224	100	M100
40	63	—	100	112		180	250	112	M110
50	80	—	112	125		200	280	125	M125
63	100	—	125	140		224	315	140	M140
80	—	—	140	160		250	355	160	M160
100	—	—	160	180		280	400	180	M180

1）d_{max} 计算公式：

M(4)：$16\sqrt{WLL}$；

S(6)：$12.5\sqrt{WLL}$；

T(8)：$1.20\sqrt{WLL}$。

2）D_{max} 和 W_{min} 计算公式：

M(4)：$18\sqrt{WLL}$；

S(6)：$14\sqrt{WLL}$；

T(8)：$12.5\sqrt{WLL}$。

3）$2r_{min}$ 计算公式：

M(4)：$28\sqrt{WLL}$；

S(6)：$22.4\sqrt{WLL}$；

T(8)：$20\sqrt{WLL}$。

4）S_{min} 计算公式：

M(4)：$40\sqrt{WLL}$；

S(6)：$31.5\sqrt{WLL}$；

T(8)：$28\sqrt{WLL}$。

2.2.3 技术要求

2.2.3.1 材质

扣体钢材必须由平炉、电炉或转炉吹氧炼制而成。钢材必须是镇静钢，可锻性好。必须含足够的合金元素，以保证经适当热处理后能获得满足本标准要求的力学性能。各级别卸扣用材料必须满足表 2–6 要求。

表 2–6 卸扣材质

级别	材质元素要求	硫、磷最大含量 /%	推荐用钢材
M（4）		S：0.05； P：0.045	GB/T 699 中的 20
S（6）	至少含下列元素中的一种： 扣体：Ni，Cr，Mn，Mo； 销轴：Ni，Cr，Mo	S：0.04； P: 0.04	GB/T 3077 中的 20Cr 或 20Mn2
T（8）	至少含下列元素中的两种： Ni，Cr，Mo	S：0.04； P：0.04	GB/T 3077 中的 35CrMo

注：制造厂可以自行选择其他满足本标准规定的材质及力学性能的材料。

各级别卸扣材质按照 YB/T 5148 进行测定均应达到奥氏体 5 号晶粒度或更细的品级。

2.2.3.2 热处理

1）M（4）级和 S（6）级卸扣锻造之后，必须根据材质和所要求的力学性能对卸扣进行相应的热处理。

2）T（8）级卸扣锻造之后，必须根据材质和所要求的力学性能对卸扣进行调质处理。

3）T（8）级卸扣最高可在 400℃的环境中使用，当温度降至室温后，其金相组织及力学性能不能有削弱和改变。如有验证要求，须将试样重新加热到 400℃，保持 1h 后降至室温，然后进行试验。

2.2.3.3 热处理硬度要求

卸扣经热处理后的硬度值不得超过表 2–7 所规定的数值。

表 2–7 热处理硬度

级别	布氏硬度 HB	洛氏硬度 HRC
M（4）	217	17
S（6）	300	32
T（8）	380	41

卸扣硬度试验必须按 GB/T 230、GB/T 231 中所规定的要求进行，以测得洛氏硬度或布氏硬度数值。

2.2.4　力学性能

1）卸扣的验证力和极限强度必须符合表 2–8 的规定。

表 2–8　卸扣的力学性能

额定起重量 /t	验证力 F_e/kN	极限强度 (min)/kN
0.63	12.5	25
0.8	16	32
1	20	40
1.25	25	50
1.6	32	63
2	40	80
2.5	50	100
3.2	63	125
4	80	160
5	100	200
6.3	125	250
8	160	320
10	200	400
12.5	250	500
16	320	630
20	400	800
25	500	1 000
32	630	1 250
40	800	1 600
50	1 000	2 000
63	1 250	2 500

续表

额定起重量 /t	验证力 F_e/kN	极限强度 (min)/kN
80	1 600	3 200
100	2 000	4 000

2）卸扣进行静强度试验时，必须能承受表 2–8 所规定的验证力。销轴不得有永久变形，且在拧松后可自由转动。扣体长度尺寸（*S*）的增量或从扣顶和销轴之间的记号所量取长度的增量，不得超过 0.25% 或 0.5mm 两者之较大值。

3）卸扣进行静强度试验时，必须能承受表 2–8 所规定的极限载荷，不得出现断裂或使卸扣丧失承载能力的变形。

4）起重量不大于 10t 的 S（6）、T（8）级卸扣进行试验时，必须在完成 104 次循环后仍能承载。

2.2.5 工艺

卸扣扣体须用无焊缝的整体毛坯锻制而成，锻件应符合 GB/T 12362 的要求。扣体两销孔应同轴且与环眼两侧外径同心。

销轴必须从棒料截取，锻后经机加工而成，或者经买方与制造厂商定，锻造后加以适当修整。装配后，销轴（只限于 W 型和 Y 型）的台肩或头部必须能贴合在扣体上。当螺纹销拧到底时，卸扣内宽尺寸（*W*）间的可见剩余螺纹不得大于 1 个螺距，销轴正确地装配后，在任何情况下扣体内宽尺寸（*W*）不得有明显减少。

成品卸扣表面应光洁，不应有毛刺、裂纹、折叠、过烧等降低强度的局部缺陷，卸扣上的缺陷不允许补焊。

卸扣表面应进行必要的防护处理或根据买方的要求进行处理。

2.3 钢丝绳

2.3.1 分类

钢丝绳按其绳和股的断面、股数和股外层钢丝的数目分类，见表 2–9。在圆股和异型股钢丝绳中，如果需方没有明确要求某种结构的钢丝绳时，在同一组别内，结构的选择由供方自行确定。

表 2-9　钢丝绳分类

组别	类别		分类原则	典型结构		直径范围/mm
				钢丝绳	股绳	
1	圆股钢丝绳	6×7	6 个圆股，每股外层丝可到 7 根，中心丝（或无）外捻制 1 ～ 2 层钢丝，钢丝等捻距	6×7 6×9W	(6+1) (3/3+3)	2 ～ 36 14 ～ 36
2		6×19 (a)	6 个圆股，每股外层丝 8 ～ 12 根，中心丝外捻制 2 ～ 3 层钢丝，钢丝等捻距	6×19S 6×19W 6×25Fi 6×26SW 6×31SW	(9+9+1) (6/6+6+1) (12+6F+6+1) (10+5/5+5+1) (12+6/6+6+1)	6 ～ 36 6 ～ 40 14 ～ 44 13 ～ 40 12 ～ 46
		6×19 (b)	6 个圆股，每股外层丝 12 根，中心丝外捻制 2 层钢丝	6×19	(12+6+1)	3 ～ 46
3		6×37 (a)	6 个圆股，每股外层丝 14 ～ 18 根，中心丝外捻制 3 ～ 4 层钢丝，钢丝等捻距	6×29Fi 6×36SW 6×37S （点线接触） 6×41SW 6×49SWS 6×55SWS	(14+7F+7+1) (14+7/7+7+1) (15+15+6+1) (16+8/8+8+1) (16+8/8+8+8+1) (18+9/9+9+9+1)	10 ～ 44 12 ～ 60 10 ～ 60 32 ～ 60 36 ～ 60 36 ～ 64
		6×37 (b)	6 个圆股，每股外层丝 18 根，中心丝外捻制 3 层钢丝	6×37	(18+12+6+1)	5 ～ 66
4		8×19	8 个圆股，每股外层丝 8 ～ 12 根，中心丝外捻制 2 ～ 3 层钢丝，钢丝等捻距	8×19S 8×19W 8×25Fi 8×26SW 8×31SW	(9+9+1) (6/6+6+1) (12+6F+6+1) (10+5/5+5+1) (12+6/6+6+1)	11 ～ 44 10 ～ 48 18 ～ 52 16 ～ 48 14 ～ 56
5		8×37	8 个圆股，每股外层丝 14 ～ 18 根，中心丝外捻制 3 ～ 4 层钢丝，钢丝等捻距	8×36SW 8×41SW 8×49SWS 8×55SWS	(14+7/7+7+1) (16+8/8+8+1) (16+8/8+8+8+1) (18+9/9+9+9+1)	14 ～ 60 40 ～ 56 44 ～ 64 44 ～ 64
6		17×7	钢丝绳中有 17 或 18 个圆股，在纤维芯或钢芯外捻制 2 层股	17×7 18×7 18×19W 18×19S 18×19	(6+1) (6+1) (6/6+6+1) (9+9+1) (12+6+1)	6 ～ 44 6 ～ 44 14 ～ 44 14 ～ 44 10 ～ 44
7		34×7	钢丝绳中有 34 或 36 个圆股，在纤维芯或钢芯外捻制 3 层股	34×7 36×7	(6+1) (6+1)	16 ～ 44 16 ～ 44

续表

组别	类别		分类原则	典型结构		直径范围 /mm
				钢丝绳	股绳	
8	圆股钢丝绳	6×24	6 个圆股，每股外层丝 12 ~ 16 根，纤维芯外捻制 2 层钢丝	6×24 6×24S 6×24W	(15+9+FC) (12+12+FC) (8/8+8+FC)	8 ~ 40 10 ~ 44 10 ~ 44
9	异型股钢丝绳	6V×7	6 个三角形股，每股外层丝 7 ~ 9 根，三角形股芯外捻制 1 层钢丝	6V×18	(9+/3×2+3/)	20 ~ 36
10		6V×19	6 个三角形股，每股外层丝 10 ~ 14 根，三角形股芯或纤维芯外捻制 2 层钢丝	6V×21 6V×30 6V×33	(12+9+FC) (12+12+6) (12+12+/3×2+3/)	11 ~ 36 20 ~ 38 28 ~ 44
11		6V×37	6 个三角形股，每股外层丝 15 ~ 18 根，三角形股芯外捻制 2 层钢丝	6V×36 6V×37S 6V×43	(15+12+/3×2+3/) (15+12+/1×7+3/) (18+15+/1×7+3/)	32 ~ 52 32 ~ 52 52 ~ 58

2 组和 3 组内推荐选用 9 类钢丝绳。

8 组、12 组及异型股钢丝绳中 6V×21 结构仅为纤维绳芯，其余组别的钢丝绳（扁钢丝绳除外），可由需方指定纤维芯或钢芯。

三角形股芯的结构可以互相代替，或改用其他结构的三角形股芯，但应在订货合同中注明。

钢丝绳按捻法分为右交互捻、左交互捻、右同向捻和左同向捻四种，如图 2–6（a）～（d）所示。图（a）和图（b）绳与股捻向相反，图（c）和图（d）绳与股捻向相同。

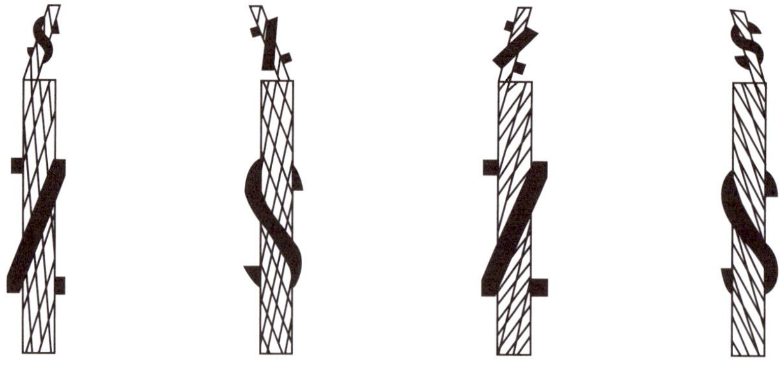

(a) 右交互捻（ZS）　(b) 左交互捻（SZ）　(c) 右同向捻（ZZ）　(d) 左同向捻（SS）

图 2–6　钢丝绳捻法

2.3.2　尺寸和重量

2.3.2.1　钢丝绳的直径

1）公称直径 d

（1）钢丝绳的公称直径和钢丝绳的公称尺寸，应符合表 2–10 的规定。

（2）特殊的公称直径和公称尺寸由供需双方协商，在订货合同中注明，并应按本标准规定的方法进行考核和验收。

2）实测直径

钢丝绳的实测直径是按规定的方法测得的直径。

3）允许偏差和不圆度

钢丝绳实测直径的允许偏差和不圆度应符合表 2–10 的规定。

表 2–10　允许偏差和不圆度

<table>
<tr><th rowspan="2">钢丝绳类型</th><th rowspan="2">公称直径 d /mm</th><th colspan="2">允许偏差 /%</th><th colspan="2">不圆度（不大于）/%</th></tr>
<tr><th>股全部为钢丝的钢丝绳</th><th>带纤维股芯的钢丝绳</th><th>股全部为钢丝的钢丝绳</th><th>带纤维股芯的钢丝绳</th></tr>
<tr><td rowspan="4">圆股钢丝绳</td><td>2 和 3</td><td>+8
0</td><td></td><td>7</td><td></td></tr>
<tr><td>4 和 5</td><td>+7
0</td><td></td><td>6</td><td></td></tr>
<tr><td>6 和 7</td><td>+6
0</td><td></td><td>5</td><td></td></tr>
<tr><td>≥8</td><td>+6
0</td><td>+7
0</td><td>4</td><td>6</td></tr>
<tr><td colspan="2">异型股钢丝绳</td><td colspan="2">+7
0</td><td colspan="2">6</td></tr>
</table>

2.3.2.2　钢丝绳的长度

钢丝绳应按订货长度供货，单位为 m，并应符合下列长度允许偏差。

1）长度小于或等于 400m：偏差为 0% ～ 5%。

2）长度大于 400m：每 1 000m 或不足 1 000m，偏差为 0% ～ 20%。

3）如果用户要求长度偏差较小的钢丝绳时，其长度允许偏差须经供需双方协商。

2.3.2.3 钢丝绳的重量

钢丝绳的近似重量用 kg/（100m）为单位表示，并按式（2–1）计算。

$$M=KD^2 \tag{2-1}$$

式中：M 为钢丝绳单位长度的近似重量，单位为 kg/（100m）；D 为钢丝绳的公称直径，单位为 mm；K 为充分涂油的某一结构钢丝绳单位长度的重量系数。

扁钢丝绳的单位长度重量，规定值的 ±5%。

2.3.3 技术要求

2.3.3.1 材料

1）制绳用钢丝。

（1）制绳用钢丝应符合 GB/T 8919 的规定，可根据钢丝绳用途选用一般用途或重要用途钢丝。

（2）制绳用钢丝包括股芯丝和填充丝（但组成三角股的低碳钢丝、填充丝和补棱丝除外）的表面状态和公称抗拉强度，应符合表 2–11 规定。

表 2–11 钢丝表面状态与公称抗拉强度

表面状态	公称抗拉强度 /MPa					
光面和 B 类镀锌		1 470	1 570	1 670	1 770	1 870
AB 类镀锌		1 470	1 570	1 670	1 770	
A 类镀锌	1 370	1 470	1 570	1 670	1 770	

注：1370MPa 仅适用于制造扁钢丝绳，经供需双方协商，也可用 GB/T 8919 规定的其他较高公称抗拉强度的钢丝制造。此时，制绳后钢丝的最小扭转次数，可比 GB/T 8919 规定的次数低 15%（一般用途）或 10%（重要用途），最小反复弯曲次数低 1 次。

（3）钢丝绳制造时，同直径钢丝应为同一公称抗拉强度，不同直径钢丝允许采用相同或相邻公称抗拉强度（中心丝和填充丝除外），但应保证钢丝绳最小破断拉力或最小钢丝破断拉力总和符合有关规定。

（4）当使用两种用途级别的钢丝制绳时，则按低级用途确定。

2）绳芯。

钢丝绳的绳芯分为纤维芯和钢芯。

（1）纤维芯。纤维芯应用剑麻、合成纤维、棉纱或其他能符合要求的纤维制成。

（2）钢芯。钢芯分为独立的钢丝绳（IWR）和钢丝股芯（IWS）。

3）钢丝绳涂油。

（1）钢丝绳用油脂应符合有关标准的规定。

（2）除非用户另有要求，钢丝绳应均匀地涂敷防锈、润滑油脂；纤维芯应用防腐、防锈、润滑油脂浸透。用户要求钢丝绳有增摩性能时，钢丝绳应涂增摩油脂。钢丝绳表面不应有未涂上油脂的地方。

4）捻制质量。

（1）钢丝绳及其股的捻距，不应大于表 2–12 的规定。

表 2–12　钢丝绳与股的捻距

捻距区别	捻距倍数		
	圆股钢丝绳		异型股钢丝绳
	点接触	线接触	
绳捻距	7.3	6.7	7.3
股外层捻距	10.8	10	8.5（相当于圆股时）

注：6×7 同向捻钢丝绳，绳的捻距不应大于绳径的 7.8 倍；4 股扇形股钢丝绳，绳的捻距不应大于绳径的 8.5 倍；扁钢丝绳的子绳捻距，不应大于子绳直径的 21 倍。18×19S、18×19W 绳捻距倍数，按点接触规定。

（2）股芯丝和股纤维芯的尺寸，应能保证具有足够的支撑作用，以使外层包捻的钢丝能均匀捻制，带纤维芯的股绳相邻钢丝之间允许有较均匀的缝隙。

（3）用同直径钢丝制成的股及绳中的钢芯，其中心钢丝公称直径和中心股应适当加大。

（4）钢丝绳应捻制均匀、紧密和不松散，在展开和无负荷情况下，钢丝绳不得呈波浪状。绳内钢丝不得有交错、折弯、严重磨伤和断裂等缺陷，但允许有因变形工卡具压紧造成的钢丝压扁现象存在。

（5）在一条钢丝绳中，同一层股的结构和捻制情况应相同，捻距不应有明显差别。允许钢丝绳或其股绳在全长上的捻距有不大于实测平均捻距 ±3% 的偏差（绳端 15m 以内捻距不考核）。

（6）钢丝绳的绳芯尺寸应能保证具有足够的支撑作用，以使外层包捻的股绳均匀捻制。允许各相邻股之间有较均匀的缝隙。

（7）镀锌钢丝绳中所有钢丝都应是镀锌的。

（8）钢丝绳中钢丝的接头应尽量减少。直径大于 0.6mm 的钢丝应用对焊连接，直径小于或等于 0.6mm 的钢丝可用对焊或插接连接。股在同一次捻制中，各连接处在股内的距离，重要用途钢丝绳不得小于 10m，一般用途钢丝绳不得小于 5m。

（9）扁钢丝绳的编织要求，钢丝绳中，子绳应左交互捻和右交互捻交替排列。

（10）扁钢丝绳的宽度（包括纬绳）和厚度（纬绳横向穿过部位），不应超过公称尺寸的 ±10%。

5）钢丝绳破断拉力。

钢丝绳破断拉力测定方法如下：

钢丝绳最小破断拉力，并按式（2–2）计算：

$$F_0=\frac{K'\cdot d^2\cdot R_0}{1000} \qquad (2\text{–}2)$$

式中：F_0 为钢丝绳最小破断拉力，单位为 kN；d 为钢丝绳公称直径，单位为 mm；R_0 为钢丝绳公称抗拉强度，单位为 MPa；K' 为某一指定结构钢丝绳的最小破断拉力系数（K' 值见表 2–13）。

表 2–13　钢丝绳重量系数和最小破断拉力系数

<table>
<tr><th rowspan="4">组别</th><th rowspan="4">类别</th><th colspan="3">钢丝绳重量系数</th><th rowspan="4"></th><th rowspan="4"></th><th colspan="2">最小破断拉力系数</th><th rowspan="4">$\frac{K_2'}{K_1'}$</th></tr>
<tr><th>天然纤维芯钢丝绳</th><th>合成纤维芯钢丝绳</th><th>钢芯钢丝绳</th><th>纤维芯钢丝绳</th><th>钢芯钢丝绳</th></tr>
<tr><th>K_{1n}</th><th>K_{1p}</th><th>K_2</th><th rowspan="2">K_1'</th><th rowspan="2">K_2'</th></tr>
<tr><th colspan="3">kg/(100m · mm²)</th></tr>
<tr><td>1</td><td>6×7</td><td>0.351</td><td>0.344</td><td>0.387</td><td>1.1</td><td>1.12</td><td>0.322</td><td>0.359</td><td>1.08</td></tr>
<tr><td>2</td><td>6×19(a)</td><td rowspan="2">0.380</td><td rowspan="2">0.371</td><td rowspan="2">0.418</td><td rowspan="2">1.1</td><td rowspan="2">1.13</td><td rowspan="2">0.330</td><td rowspan="2">0.356</td><td rowspan="2">1.08</td></tr>
<tr><td>3</td><td>6×37(a)</td></tr>
<tr><td>2</td><td>6×19(b)</td><td>0.346</td><td>0.337</td><td>0.381</td><td>1.1</td><td>1.13</td><td>0.307</td><td>0.332</td><td>1.08</td></tr>
<tr><td>3</td><td>6×37(b)</td><td>0.346</td><td>0.337</td><td>0.381</td><td>1.1</td><td>1.13</td><td>0.295</td><td>0.319</td><td>1.08</td></tr>
<tr><td>4</td><td>8×19</td><td rowspan="2">0.357</td><td rowspan="2">0.344</td><td rowspan="2">0.435</td><td rowspan="2">1.22</td><td rowspan="2">1.26</td><td rowspan="2">0.293</td><td rowspan="2">0.346</td><td rowspan="2">1.18</td></tr>
<tr><td>5</td><td>8×37</td></tr>
<tr><td>6</td><td>17×7</td><td colspan="3">0.390</td><td></td><td></td><td colspan="2">0.328</td><td></td></tr>
<tr><td>7</td><td>34×7</td><td colspan="3">0.390</td><td></td><td></td><td colspan="2">0.318</td><td></td></tr>
<tr><td>8</td><td>6×24</td><td>0.318</td><td>0.304</td><td></td><td></td><td></td><td>0.28</td><td></td><td></td></tr>
<tr><td>9</td><td>6V×7</td><td>0.412</td><td>0.404</td><td>0.437</td><td>1.06</td><td>1.08</td><td>0.375</td><td>0.398</td><td>1.06</td></tr>
<tr><td>10</td><td>6V×19</td><td rowspan="2">0.405</td><td rowspan="2">0.397</td><td rowspan="2">0.429</td><td rowspan="2">1.06</td><td rowspan="2">1.08</td><td rowspan="2">0.360</td><td rowspan="2">0.382</td><td rowspan="2">1.06</td></tr>
<tr><td>11</td><td>6V×37</td></tr>
<tr><td>12</td><td>4V×39</td><td>0.410</td><td>0.402</td><td></td><td></td><td></td><td>0.360</td><td></td><td></td></tr>
</table>

续表

组别	类别	钢丝绳重量系数					最小破断拉力系数		$\frac{K_2'}{K_1'}$
		天然纤维芯钢丝绳	合成纤维芯钢丝绳	钢芯钢丝绳			纤维芯钢丝绳	钢芯钢丝绳	
		K_{1n}	K_{1p}	K_2			K_1'	K_2'	
		$kg/(100m \cdot mm^2)$							
13	6Q×19+6V×21	0.410	0.402				0.360		

注：

1. 在2组a类和4组钢丝绳中，当股内钢丝的数目为19根或19根以下时，重量系数应比表中所列的数小3%。

2. 在8组钢丝绳中，股为等捻距结构钢丝绳的重量系数和最小破断拉力系数，应分别比表中所列的数大4%。

3. 在10组钢丝绳中，股含纤维芯6V×21结构钢丝绳的重量系数和最小破断拉力系数，应分别比表中小8%；6V×30结构钢丝绳的最小破断拉力系数，应比表中小10%。在11组钢丝绳中，股为线接触结构6V×37S钢丝绳的这两种系数则应分别大5%。

4. K_{1p} 重量系数是对聚丙烯纤维而言。

6）从钢丝绳中拆出钢丝的要求。

从钢丝绳试样中拆出的钢丝，应进行直径测量，以及抗拉强度、扭转和反复弯曲试验，各项试验结果应符合如下规定：

（1）钢丝实测直径应符合GB/T 8919的有关规定，但允许有不超过测量钢丝数3%的钢丝超出上述规定而不超出各规定的50%。

（2）异型股钢丝绳，拆股钢丝的直径允许偏差不考核。生产厂应向用户注明钢丝绳所用钢丝的公称直径和公称抗拉强度。

（3）钢丝的抗拉强度，应不低于表2-14甲栏的规定。

表2-14　抗拉强度的允许低值　　单位：MPa

公称抗拉强度		1470	1570	1670	1770	1870
最低抗拉强度	甲	1420	1520	1620	1720	1820
	乙	1210	1290	1370	1450	1520

采用GB/T 8919其他较高公称抗拉强度时，甲栏为该公称强度减50MPa，乙栏为该公称强度的82%（修约成整数）。

（4）钢丝的最小反复弯曲次数应符合表2-15的规定。

（5）扭转钢丝的最小扭转次数应符合表2-16的规定。

表 2-15　最小反复弯曲次数

钢丝公称直径 d	弯曲圆柱半径	一般用途钢丝绳												重要用途钢丝绳											
		光面和 B 类镀锌钢丝					AB 类镀锌钢丝				A 类镀锌钢丝			光面和 B 类镀锌钢丝					AB 类镀锌钢丝				A 类镀锌钢丝		
		公称抗拉强度 /MPa																							
mm		1470	1570	1670	1770	1870	1470	1570	1670	1770	1470	1570	1670	1470	1570	1670	1770	1870	1470	1570	1670	1770	1470	1570	1670
$0.50 \leq d < 0.55$	1.75	16	15	15	14	14	13	12	12	11	12	11	11	16	15	15	14	14	14	13	13	12	12	11	11
$0.55 \leq d < 0.60$		15	14	14	13	13	11	10	10	9	10	9	9	15	14	14	13	13	13	12	12	11	11	10	10
$0.60 \leq d < 0.65$		13	12	12	11	11	9	8	8	7	8	7	7	13	12	12	11	11	11	10	10	9	9	8	8
$0.65 \leq d < 0.70$		12	11	11	10	10	8	7	7	6	7	6	6	12	11	11	10	10	10	9	9	8	8	7	7
$0.70 \leq d < 0.75$	2.50	16	15	15	14	14	15	14	14	13	13	12	12	17	16	16	15	15	16	15	15	14	14	13	13
$0.75 \leq d < 0.80$		15	14	14	13	13	14	13	13	12	12	11	11	16	15	15	14	14	15	14	14	13	13	12	12
$0.80 \leq d < 0.85$		14	13	13	12	12	13	12	12	11	11	10	10	15	14	14	13	13	14	13	13	12	12	11	11
$0.85 \leq d < 0.90$		12	11	11	10	10	12	11	11	10	9	8	8	14	13	13	12	12	13	12	12	11	11	10	10
$0.90 \leq d < 0.95$		11	10	10	9	9	11	10	10	9	8	7	7	13	12	12	11	11	12	11	11	10	10	9	9
$0.95 \leq d < 1.00$		11	10	10	9	9	10	9	9	8	8	7	7	13	12	12	11	11	12	11	11	10	10	9	9
$1.00 \leq d < 1.10$	3.75	16	15	15	14	14	16	15	14	14	13	12	12	18	17	17	16	16	17	16	16	15	15	14	14
$1.10 \leq d < 1.20$		14	13	13	12	12	14	13	12	12	11	10	10	16	15	15	14	14	15	14	14	13	13	12	12
$1.20 \leq d < 1.30$		13	12	12	13	11	13	12	11	11	10	9	9	14	13	13	12	12	13	12	12	11	11	10	10
$1.30 \leq d < 1.40$		11	10	10	9	9	11	10	9	9	8	7	7	13	12	12	11	11	12	11	11	10	10	9	9
$1.40 \leq d < 1.50$		10	9	9	8	8	10	9	8	8	7	6	6	12	11	11	10	10	11	10	10	9	9	8	8
$1.50 \leq d < 1.60$	5.00	13	12	12	11	11	13	12	11	11	10	9	9	15	14	14	13	13	14	13	13	12	12	11	11
$1.60 \leq d < 1.70$		12	11	11	10	10	12	11	10	10	9	8	8	14	13	13	12	12	13	12	12	11	11	10	10
$1.70 \leq d < 1.80$		11	10	10	9	9	11	10	9	9	8	7	7	13	12	12	11	11	12	11	11	10	10	9	9

续表

钢丝公称直径 d	弯曲圆柱半径	一般用途钢丝绳												重要用途钢丝绳											
		光面和 B 类镀锌钢丝					AB 类镀锌钢丝				A 类镀锌钢丝			光面和 B 类镀锌钢丝					AB 类镀锌钢丝				A 类镀锌钢丝		
		公称抗拉强度 /MPa																							
mm		1470	1570	1670	1770	1870	1470	1570	1670	1770	1470	1570	1670	1470	1570	1670	1770	1870	1470	1570	1670	1770	1470	1570	1670
1.80≤*d*<1.90	5.00	10	9	9	8	8	10	9	8	8	7	6	6	12	11	11	10	10	11	10	10	9	9	8	8
1.90≤*d*<2.00		9	8	8	7	7	9	8	7	7	6	5	5	11	10	10	9	9	10	9	9	8	8	7	7
1.60≤*d*<1.70	7.50	14	13	13	12	12	13	12	12	11	11	10	10	16	15	15	14	14	15	14	14	13	13	12	12
1.60≤*d*<1.70		13	12	12	11	11	12	11	11	10	10	9	9	15	14	14	13	13	14	13	13	12	12	11	11
1.70≤*d*<1.80		12	11	11	10	10	11	10	10	9	9	8	8	14	13	13	12	12	13	12	12	11	11	10	10
1.80≤*d*<1.90	5.00	10	9	9	8	8	10	9	8	8	7	6	6	12	11	11	10	10	11	10	10	9	9	8	8
1.90≤*d*<2.00		9	8	8	7	7	9	8	7	7	6	5	5	11	10	10	9	9	10	9	9	8	8	7	7
1.50≤*d*<1.60	7.50	14	13	13	12	12	13	12	12	11	11	10	10	16	15	15	14	14	15	14	14	13	13	12	12
1.60≤*d*<1.70		13	12	12	11	11	12	11	11	10	10	9	9	15	14	14	13	13	14	13	13	12	12	11	11
1.70≤*d*<1.80		12	11	11	10	10	11	10	10	9	9	8	8	14	13	13	12	12	13	12	12	11	11	10	10
1.80≤*d*<1.90		12	11	11	10	10	11	10	10	9	9	8	8	14	13	13	12	12	13	12	12	11	11	10	10
1.90≤*d*<2.00		11	10	10	9	9	10	9	9	8	8	7	7	13	12	12	11	11	12	11	11	10	10	9	9
1.50≤*d*<1.60		10	9	9	8	8	9	8	8	7	7	6	6	12	11	11	10	10	11	10	10	9	9	8	8
1.60≤*d*<1.70		9	8	8	7	7	8	7	7	6	6	5	5	11	10	10	9	9	10	9	9	8	8	7	7
1.70≤*d*<1.80		8	7	7	6	6	7	6	6	5	5	4	4	11	10	10	9	9	10	9	9	8	8	7	7
1.80≤*d*<1.90		8	7	7	6	6	7	6	6	5	5	4	4	10	9	9	8	8	9	8	8	7	7	6	6
1.90≤*d*<2.00		8	7	7	6	6	7	6	6	5	5	4	4	10	9	9	8	8	9	8	8	7	7	6	6
3.00≤*d*<3.10	10.00	12	11	10	10	9	11	10	9	9	9	8	8	13	12	11	11	10	12	11	10	10	10	9	9
3.10≤*d*<3.20		11	10	9	9		10	9	8	8	8	7	7	13	12	11	11		12	11	10	10	10	9	9

续表

钢丝公称直径 d	弯曲圆柱半径	一般用途钢丝绳												重要用途钢丝绳											
		光面和 B 类镀锌钢丝					AB 类镀锌钢丝				A 类镀锌钢丝			光面和 B 类镀锌钢丝					AB 类镀锌钢丝				A 类镀锌钢丝		
		公称抗拉强度 /MPa																							
mm		1470	1570	1670	1770	1870	1470	1570	1670	1770	1470	1570	1670	1470	1570	1670	1770	1870	1470	1570	1670	1770	1470	1570	1670
3.20≤d<3.30	10.00	10	9	8	8		9	8	7	7	7	6	6	12	11	10	10		11	10	9	9	9	8	8
3.30≤d<3.40		10	9	8	8		9	8	7	7	7	6	6	12	11	10	10		11	10	9	9	9	8	8
3.40≤d<3.50		9	8	7	7		8	7	6	6	6	5	5	11	10	9	9		10	9	8	8	8	7	7
3.50≤d<3.60		8	7	6	6		7	6	5	5	5	4	4	10	9	8	8		9	8	7	7	7	6	6
3.60≤d<3.70		8	7	6	6		7	6	5	5	5	4	4	9	8	7	7		8	7	6	5	6	5	5
3.70≤d<3.80		7	6	5			6	5	4		5	4		8	7	6			7	6	5		6	5	
3.80≤d<3.90		7	6	5			6	5	4		5	4		8	7	6			7	6	5		6	5	
3.90≤d<4.00		7	6	5			6	5	4		5	4		7	6	5			6	5	4		5	4	
4.00≤d<4.10	15.00	12	11	10			11	10	9		8	7		14	13	12			13	12	11		9	8	
4.10≤d<4.20		11	10	9			10	9	8		7	6		13	12	11			12	11	10		8	7	
4.20≤d<4.30		11	10	9			10	9	8		7	6		12	11	10			11	10	9		8	7	
4.30≤d<4.40		11	10	9			10	9	8		7	6		12	11	10			11	10	9		8	7	
4.40		10	9	8			9	8	7		6	5		11	10	9			10	9	8		7	6	

注：

1. 从异型股钢丝绳中拆出的钢丝的最小反复弯曲次数要比表 2-15 中相应类别钢丝减少 1 次。
2. 扁钢丝绳用 A 类镀锌钢丝 1370MPa 公称抗拉强度级，其最小反复弯曲次数按 1470MPa 公称抗拉强度级取。

表 2–16 最小扭转次数

钢丝公称直径 d	试验长度（钳口距离）	一般用途钢丝绳												重要用途钢丝绳											
		光面和 B 类镀锌钢丝					AB 类镀锌钢丝				A 类镀锌钢丝			光面和 B 类镀锌钢丝					AB 类镀锌钢丝				A 类镀锌钢丝		
		公称抗拉强度 /MPa																							
mm		1470	1570	1670	1770	1870	1470	1570	1670	1770	1470	1570	1670	1470	1570	1670	1770	1870	1470	1570	1670	1770	1470	1570	1670
$0.50 \leq d < 1.00$		27	26	25	24	23	25	24	23	22	17	16	15	34	33	32	31	28	31	30	28	27	22	21	20
$1.00 \leq d < 1.30$		26	25	23	22	21	23	22	21	20	16	15	14	32	31	30	29	26	29	28	26	25	20	19	18
$1.30 \leq d < 1.80$		25	24	22	21	20	22	21	20	19	15	14	13	31	30	28	27	25	28	27	25	23	19	18	17
$1.80 \leq d < 2.30$		23	22	21	20	19	21	20	19	18	15	14	13	29	28	27	26	23	26	25	23	22	18	17	16
$2.30 \leq d < 3.00$		21	20	19	19	18	19	18	17	16	13	12	11	27	26	24	23	21	24	23	21	20	15	14	13
$3.00 \leq d < 3.40$	$100d$	20	19	18	17	16	18	17	15	14	11	10	9	25	24	22	21	19	22	21	19	18	13	12	11
$3.40 \leq d < 3.50$		20	19	18	17		18	17	15	14	11	10	9	23	22	20	19		21	20	18	16	13	12	11
$3.50 \leq d < 3.70$		18	17	16	15		16	15	14	13	9	8	7	21	20	18	17		19	18	16	14	11	10	9
$3.70 \leq d < 4.00$		16	15	14			14	13	12		8	7		19	18	17			17	16	15		9	8	
$4.00 \leq d < 4.20$		15	14	13			13	12	11		7	5		17	16	15			15	14	13		7	6	
$4.20 \leq d < 4.40$		14	13	12			12	11	10		7	5		16	15	14			14	13	12		7	6	

注：

1. 从异型股钢丝绳中拆出的钢丝的最小扭转次数要比表 2–16 中相应类别钢丝减少 2 次。但减少后的最小扭转次数不得小于表 2–16 规定值的 80%。
2. 扁钢丝绳用 A 类镀锌钢丝 1370MPa 公称抗拉强度级，其最小扭转次数按 1470MPa 公称抗拉强度级取。

直径小于 0.5mm 的钢丝，扭转和反复弯曲试验，由钢丝打结拉伸试验代替，试验钢丝数中，至少 95% 应符合 GB/T 8919 的有关规定。

（6）允许低值钢丝根数抗拉强度低于表 2–14 甲栏的规定而不低于乙栏的规定；最小反复弯曲次数低于表 2–16 各规定的 20%（修约成整数），最小扭转次数低于表 2–16 各规定的 30%（异型股钢丝绳为 40%）；这种低值钢丝的允许数量，不应超过表 2–17、表 2–18 的规定。

表 2–17　圆股钢丝绳允许低值钢丝根数

圆股钢丝绳结构	部分试验		100% 试验	
	强度	反复弯曲和扭转	强度	反复弯曲和扭转
6×7	1	1	2	2
6×9W	1	2	2	3
6×19，6×19W，6×19S，6×25Fi	2	3	3	6
6×24，6×24S，6×24W，6×29Fi	2	4	4	7
6×26SW	2	5	5	8
6×31SW	3	6	6	9
6×37，6×37S，6×36SW	3	7	7	11
6×41SW	4	7	7	12
6×49SWS	4	9	9	15
6×55SWS	5	10	10	16
8×19S，8×19W，8×25Fi	2	4	4	7
8×26SW	3	6	6	10
8×31SW	4	7	7	12
8×36SW	4	9	9	14
8×41SW	5	10	10	16
8×49SWS	6	12	12	20
8×55SWS	7	13	13	22
18×7，17×7	2	4	4	6
18×19，18×19S，18×19W	5	10	10	17
34×7，36×7	4	7	7	12

表 2–18　异型股钢丝绳允许低值钢丝根数

异型股钢丝绳结构	部分试验	100% 试验
6V×18	1	5
6V×21	2	7
6V×30，6V×33	2	9

续表

异型股钢丝绳结构	部分试验	100% 试验
6V×36，6V×37S	3	10
6V×43	4	12
6Q×19+6V×21	4	14
6Q×33+6V×21	5	17
4V×39S	7	16
4V×48S	8	19

4 股扇形股钢丝绳，允许有少数钢丝超出规定值，但低值钢丝数不应超出表 2–18 的规定。

7）镀锌层重量。

如果需方要求，镀锌钢丝绳还应进行钢丝锌层重量试验（异型股钢丝绳除外）。试验钢丝数至少 95% 应符合表 2–19 的规定。

表 2–19　最小锌层重量

镀锌钢丝公称直径（包括镀锌层）*d*	B 类镀锌钢丝	AB 类镀锌钢丝	A 类镀锌钢丝
mm	g/m²		
$0.20 \le d < 0.25$	14		
$0.25 \le d < 0.40$	19		
$0.40 \le d < 0.50$	28	57	71
$0.50 \le d < 0.60$	38	66	86
$0.60 \le d < 0.70$	48	81	104
$0.70 \le d < 0.80$	57	81	114
$0.80 \le d < 1.00$	66	90	124
$1.00 \le d < 1.20$	76	104	142
$1.20 \le d < 1.50$	86	114	157
$1.50 \le d < 1.90$	95	124	171
$1.90 \le d < 2.50$	104	142	195
$2.50 \le d < 3.20$	119	157	218
$3.20 \le d < 3.70$	128	180	238
$3.70 \le d < 4.00$	128	180	238
$4.00 \le d < 4.40$	142	190	247

如果锌层重量不符合本标准规定，而其他性能符合光面钢丝绳要求时，则可按光面钢丝绳交货。

2.4 合成纤维吊带

2.4.1 定义

2.4.1.1 吊带

一种用于装卸与起升货物时连接起升工具和货物的柔性元件。

2.4.1.2 扁平编织吊带

由带编织成的带子构成，有的还带末端件。

2.4.1.3 编织带

吊带的一种零件，由一个至几个可用于承受载荷作用力的编织物构成。

2.4.1.4 接缝

一种将带子自身或几条带子缝合在一起的方法，这种方法是用横向往返移动的纤维线进行缝合。

2.4.1.5 非承载接缝

将几条带子连接在一起的接缝，不承受吊带的承载力。

2.4.1.6 承载接缝

将带子端部与自身缝合在一起，形成一个软环或环形吊带，或装入金属末端件，承载接缝承担吊带的承载力。

2.4.1.7 封装吊带

环形环绕承载芯并封装在护套里的吊带。

2.4.1.8 末端件

装在吊带末端的金属件。

2.4.1.9　软环的加强

在带子端部装末端件时，加一层加强材料，该加强材料缝合到带子的接缝处。

2.4.1.10　保护套

由皮革或其他材料编织而成的组件，对带子起保护作用，但不影响吊带的承载能力。

2.4.1.11　软环

在带子端部形成的一个环眼，该环眼可装入末端件或直接作吊挂用。

（1）扁平软环：将带子折回而不扭旋与带子本身缝合而成的软环（见图 2–7）。

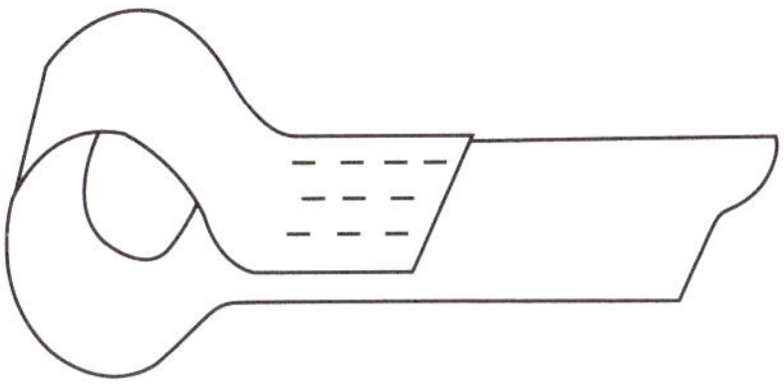

图 2–7　扁平软环

（2）反向环眼：将带子折回而旋转 180° 再与带子本身缝合而成的环眼（见图 2–8），不允许将带子的端部沿长度方向分割成两个相等部分而成的环眼（见图 2–9）。

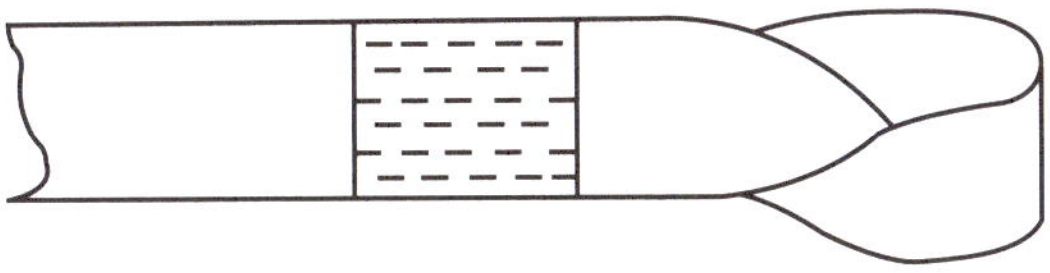

图 2–8　反向环眼

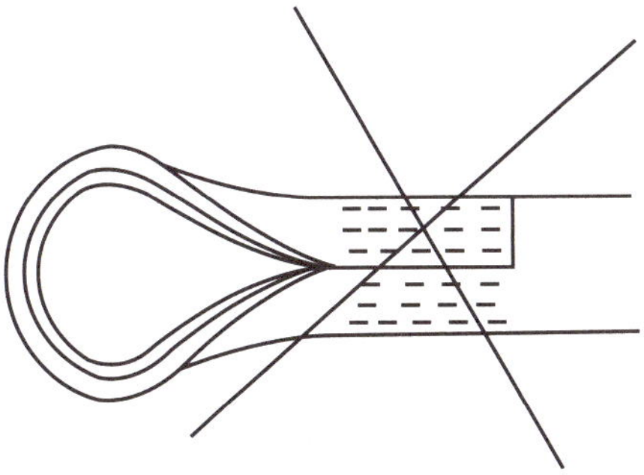

图 2–9　不允许分割环眼

（3）折叠环眼：将带子的一部分折叠起来，将带子的两边缝合在一起或将带子末端与带子自身缝合起来而成的环眼（见图 2–10）。

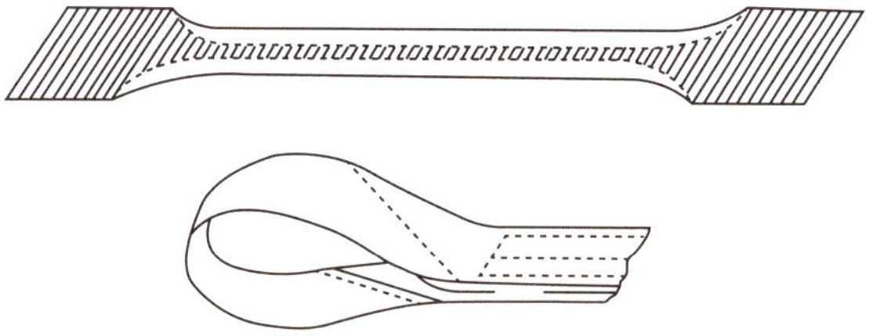

图 2–10 折叠环眼

2.4.1.12 有效长度

用手将吊带在一个平面内拉紧，不使吊带有任何明显的张紧力，此时吊带两支承点间的距离。

2.4.1.13 吊带破断力

吊带在检验中能承受试验载荷的最大力，以 10N 为单位表示。

2.4.1.14 安全系数

破断力与最大有效力的比值，对于扁平编织吊带和封装吊带，规定最小安全系数为 6。

2.4.1.15 最大有效力（MFU）

基本型吊带所允许承受的最大作用力，以 10 N 为单位表示。

2.4.1.16 极限工作载荷（WLL）

基本型吊带在垂直状态下所允许承受的最大重量，以 kg 或 t 为单位表示（见图 2–11），以 kg 为单位表示时，相当于以最大有效力表示的 1.02 倍。

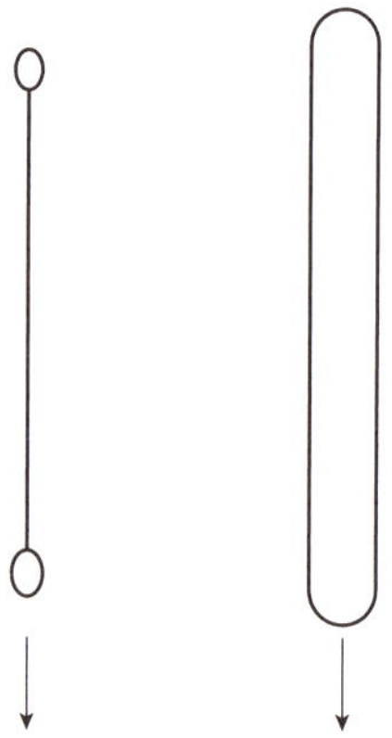

图 2–11 极限工作载荷

2.4.1.17 吊装方式系数（M）

由于吊挂方式不同而影响承载能力的一种修正系数，用来计算最大安全工作载荷。

2.4.1.18 最大安全工作载荷（SWL_{max}）

在正常使用条件下，即不考虑可能出现的极端情况，如高热、摩擦、化学作用等等，所允许承受的质量，以 kg 或 t 为单位表示。

$$SWL_{max}=WLL \cdot M \qquad (2-3)$$

式中：SWL_{max} 为最大安全工作载荷，单位为 kg 或 t；WLL 为极限工作载荷，单位为 kg 或 t；M 为吊装方式系数。

2.4.1.19 吊带承载力

货物垂直作用而引起的最大安全工作载荷，以 10N 为单位表示（吊带承载力与 MFU 的比例关系和 SWL_{max} 与 WLL 的比例关系是一样的）。

2.4.1.20 试验力

为了检验吊带在使用前的性能而施加的力，以 10N 为单位表示，试验力等于最大安全工作载荷的 2 倍。

2.4.1.21 试验载荷

在试验时吊带和末端件所承受的载荷，以 kg 或 t 为单位表示，所施加的力等于试验力。

2.4.2 吊带的类型

2.4.2.1 带软环的单吊带

由一条每端缝合成环眼的带子构成（见图 2-12）。

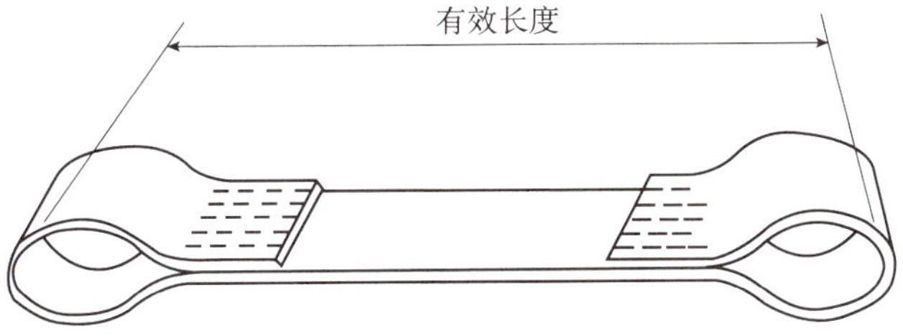

图 2-12 带软环的单吊带

2.4.2.2 带末端件的单吊带

带子的每端都带有末端件的吊带（见图 2–13）。

（a）两末端件相同

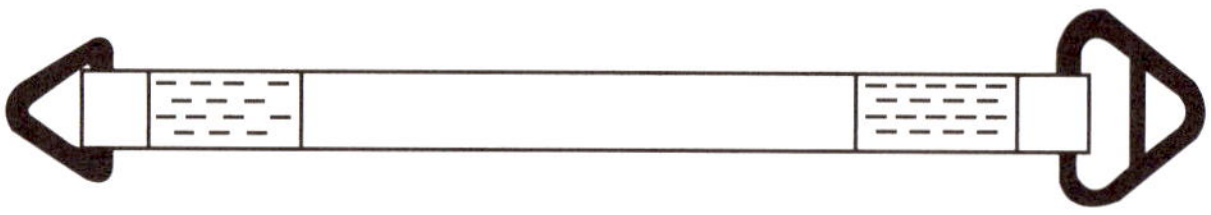

（b）两末端件不同，可做结套吊升

图 2–13 带末端件的单吊带

2.4.2.3 复式吊带

由两条或多条宽度相同并排放置的带子构成的吊带。几条带子共有一个末端件，各条带子的边缘相互连接（见图 2–14）。

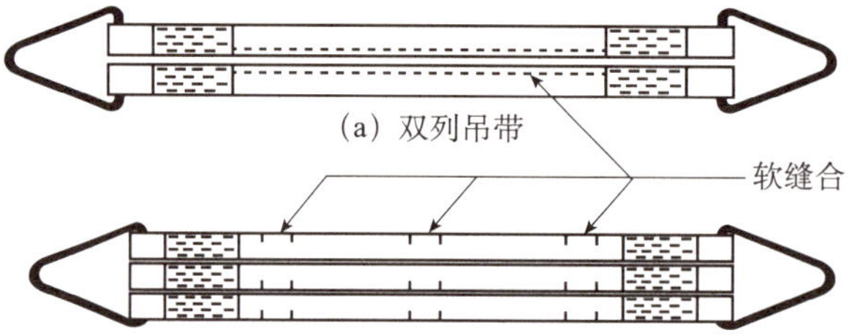

（b）多列吊带

图 2–14 复式吊带

2.4.2.4 多层吊带

由两层或多层相同的带子沿纵向叠合而成（见图 2–15）。

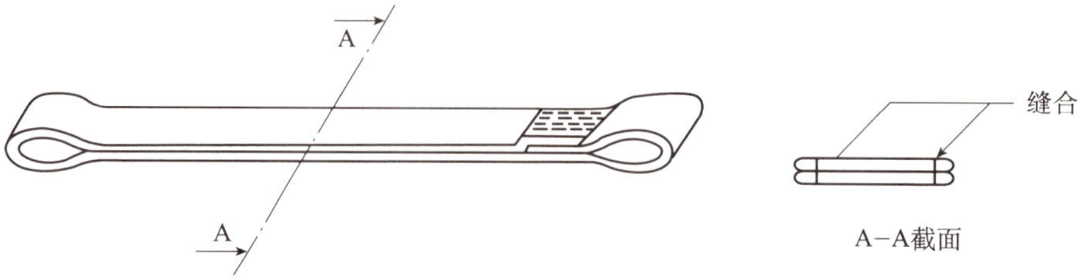

图 2–15 多层吊带

2.4.2.5 环形吊带

带子的一端与另一端缝合在一起，或带子本身被编织或环绕成环形而不用缝合（如封装吊带）（见图 2–16）。

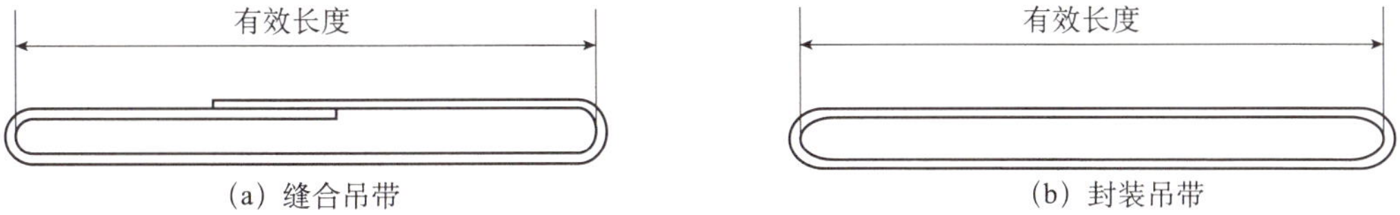

图 2–16 环形吊带

2.4.3 技术要求

2.4.3.1 带子

带子只允许采用连续纤维丝编织而成。

1）材料。

带子可由下列材料中的一种构成：

（1）聚酰胺（尼龙）：高韧性，连续多纤维线。

（2）聚酯：高韧性，连续多纤维线。

（3）聚丙烯：高韧性，连续多纤维线，为确保聚丙烯的稳定性，要避免高热的影响。

2）编织。

带子应用无任何明显缺陷的织物编织而成，在编织过程中所有的线都应由同一材料制成。其编织方法应确保带子所受的力，相当于最大有效力时，宽度的减少不超过 10%。

3）宽度。

（1）标准宽度系列：25mm，35mm，50mm，75mm，100mm，150mm，200mm，300mm。

（2）带子编织宽度允许偏差为：宽度≤100mm 时，为 ±10%；宽度＞100mm 时，为 ±8%。

（3）经双方同意，带子可以选用非标准宽度，但其他部分的要求必须按本标准的规定。

4）厚度。

当吊带是由几条带子组成时，各条带子的厚度应相同。带子的表面可用适当的保护层保护。

5）着色及其他处理。

带子可着色或不着色。带子可进行表面处理，以便增强抗磨损性。不论是着色剂或颜料，还是涂料、覆盖物，均应保证对人体和生物无毒。

2.4.3.2 吊带的缝制

（1）非承载接缝和承载接缝均应使用与带子材料相同的优质线缝合，为便于接缝的检验，各层允许采用与带子颜色不同的线。承载接缝在缝合后其强度应与带子强度相近。

（2）缝合过程中引起的损坏程度应最小，缝合处应平整，缝线穿过带子表面，没有缝线凸出于表面（端部接头除外），“连锁缝纫”在带子任意一面都不应看见。缝合时缝线对带子宽度边缘留有距离，对于厚度不超过 10mm 的带子，从带子宽度边缘起留 2 ～ 4mm 不缝合；厚度大于 10mm 的带子，留 4 ～ 8mm 不缝合。

（3）缝合线在开始和结束处都必须有至少 25mm 的“回缝”，在 100mm 缝合长度内允许有一处缺陷（如错缝、漏缝、断线等），每一缺陷可重新缝合予以补偿。

（4）如果切截的带子没有预先经过浸渍处理，则应对带子的端头进行处理，以防松散，但不应破坏相邻的缝合线。采用热熔断法，其带子末端不必再“对缝”。如果带子已预先经过浸渍处理，只需对端头进行简单的“对缝”即可。

2.4.3.3 软环

1）任何型式的软环均不应降低吊带的承载能力。软环内长 L（见图 2-17）按下面规定：

（1）带子宽度为 25mm 或 35mm 时，为 100mm。

（2）带子宽度为 50 ～ 150mm 时，为 3 倍带宽。

（3）带子宽度>150mm 时，为 2.5 倍带宽。

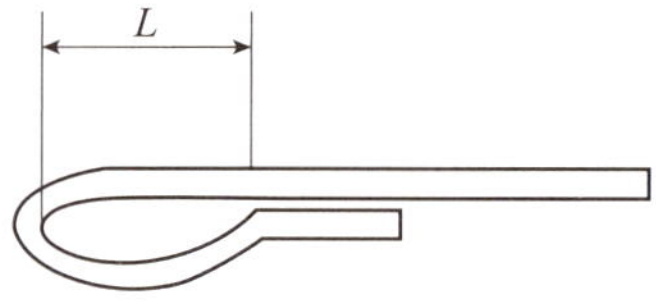

图 2-17 软环内长 L

2）当用软环直接吊挂使用时，其支承件直径不超过软环内长的 1/3，如果带宽>75mm 时，不应直接用软环与钩环连接悬吊；如果带宽≤75mm 时，可以用软环直接与钩环连接悬吊，但钩环的曲率半径不应小于带宽的 0.75 倍。

2.4.3.4 末端件

各种末端件都应装入软环内，软环的内径不应小于穿过它的末端件的直径或厚度的 2.5 倍。

2.4.4　材料

为金属但不得铸造，在 –30 ～ +80℃温度范围内应具有良好的力学性能和抗腐蚀、抗老化、抗疲劳性。其破断强度应不低于吊带极限工作载荷的 4 倍（或更大，如国家相关标准对此有要求时）。

末端件最大承载能力不低于吊带的承载能力，制造商在供货前要按要求提出保证，保证所提供的吊带末端件能满足这些要求。

末端件不承受永久变形力，该力为不低于吊带承载力的 2 倍。

2.4.5　形态

所有表面都应加工，去掉尖棱角，以免损伤带子。在将带子与末端件相连时，应保证悬吊时的力均匀分布在带子整个宽度上。在带子宽度＞75mm 时，不能使用凸形或圆环形末端件；在带子宽度≤75mm 时可以使用凸形或圆环形末端件，但其曲率半径不得小于带宽的 0.75 倍。

2.4.6　末端件的回用

2.4.6.1　回用条件

一个完好的末端件从一个损坏的吊带上取下装在新吊带上前，必须由专业技术人员进行检验，只有符合下列条件才能再使用：

1）符合本标准的全部要求。

未发现任何损伤或瑕疵，但如果曾承受过其最大安全工作载荷 2 倍的载荷时，不能再回用。

2）极限工作载荷。

（1）对于基本型吊带的极限工作载荷值，以 kg 或 t 为单位。

（2）极限工作载荷适用于基本型吊带。在式（2–3）中给出了不同吊装方式系数和最大安全工作载荷。

2.4.6.2　安全系数

缝合吊带或封装吊带的最小安全系数为 6，而金属末端件的安全系数为 4。

第 3 章 清江流域水电厂检修设备吊装

3.1 水布垭水电厂检修设备吊装

3.1.1 发电机部分设备起吊工艺

3.1.1.1 发电机各主要部件重量

发电机各主要部件重量见表 3–1。

表 3–1 发电机各主要部件重量

部件名称	单重 /kg
上端轴	12 630
推力头	18 900
磁极	8 014
上导瓦	125
推力瓦	100
镜板	11 870
上机架装配	87 000
下机架	175 000
转子装配	950 000

3.1.1.2 发电机主要部件及起重工艺

1）上端轴。

部件尺寸与重量：

（1）直径 ϕ1 880mm，高度 3 005mm。

（2）重量（含挡油桶）12 630kg。

起吊工具的准备：

（1）上端轴吊具一副。

（2）M56 吊环 4 个，35t 卡环 4 个。

（3）ϕ34 钢丝绳（长 6 ～ 8m）2 根。

起吊工艺流程：

（1）在吊出或吊装过程中，应准确找正中心和水平。

（2）先将钢丝绳拉紧，指挥桥机司机用慢钩将上端轴吊出。

（3）将上端轴吊出放在指定位置并且在下方垫上方木（方木均布放置）。

（4）在取钩前应用手用力推上端轴，检查是否有晃动现象，如有应再次调整，增加锲子板，直至放置牢固。

（5）应遵循发电机工作人员的意见，定置摆放。

注意事项：

（1）在起吊前应检查上端轴是否与其他物件还有连接，确认无误后方可起吊。

（2）中心与水平应找准，起吊过程中如有偏移应立即调整。

（3）放下时，应用慢钩放下，以免冲击力将物件碰伤。

2）上、下机架。

部件重量：

（1）上机架装配（含汇流环）重量 87 000kg。

（2）下机架装配（含 16 个风闸）重量 175 000kg。

起吊工具的准备：

（1）40t × 12m 吊带 4 根。

（2）小方木墩若干。

起吊方法：

起吊示意图（以下机架为例）见图 3–1。

吊装工艺流程（以下机架为例）：

（1）4 根吊带从机架 4 个对称吊物孔串接后直接挂在吊钩上。

（2）初步找好吊钩中心，升起吊钩，收紧吊带，受力调整均匀。起升 100mm 左右，找中心、水平，检查各方面的情况，无问题后，方可起吊。

（3）四周派人监护，对准空位，缓慢提升出机组部位，再直接起吊至要求高度，行走大车，落至安装场布置好的支墩上。

（4）机架起吊前，应清除支腿各区格间的杂物，以防掉下伤人。

（5）落下吊钩，挂好吊带（同吊出）。找好吊钩中心，吊起 100mm 左右，找好水平，检查各方面的情况，无问题后，提升至要求高度，行走大车至机坑中心。

（6）机架落至机组部位处，找好中心，对准空位，平稳落下约差 20 ～ 30mm 时，

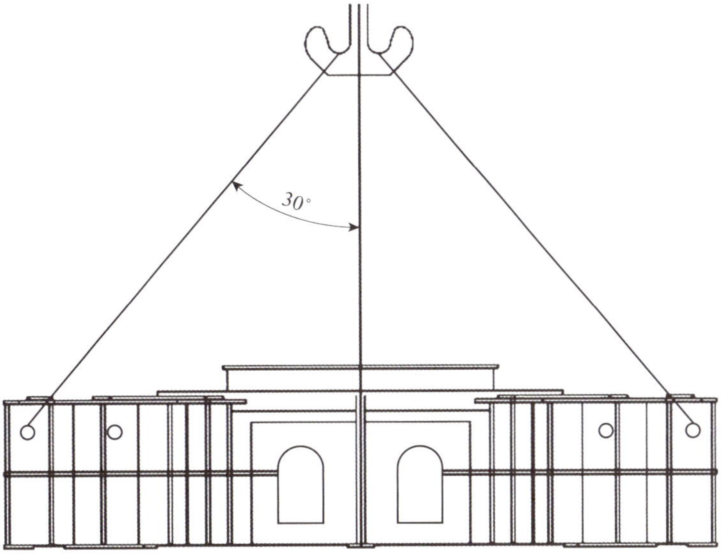

图 3–1　起吊示意图（下机架）

即可将销钉插入，就位后，才可落钩取下吊带。

（7）上机架吊装工艺与下机架相同。

注意事项：

（1）起吊前，应检查支腿基础螺栓是否全部卸掉，下机架推力油槽是否还有连接处。

（2）调整水平时，应将重物落下，调节吊带。

（3）如没有可调节螺旋扣时，应选择同等长的钢丝绳和卡扣。

（4）桥机各部位应在起吊前调整好，并有专人监护，以防滑钩或电气损坏。

3）发电机转子。

部件尺寸及重量：

（1）直径 ϕ10 827mm，高度 3 410mm。

（2）重量 950t（不包括吊具）。

起吊工具的准备：

（1）专用平衡梁 1 组（100t）。

（2）水平尺 1 把。

（3）铝合金梯 2 架。

（4）300mm 活动扳手 2 把。

（5）撬棍若干。

（6）16mm × 40mm × 2 000mm 木条若干。

准备工作（转子连接见图 3–2）：

（1）检查并清扫主销轴、轴承、卡环装置等，发现问题及时报告工作负责人，做好处理工作，直至符合要求。

（2）支承转子铁墩，均匀分布在圆周承压板上，并初步找好水平。

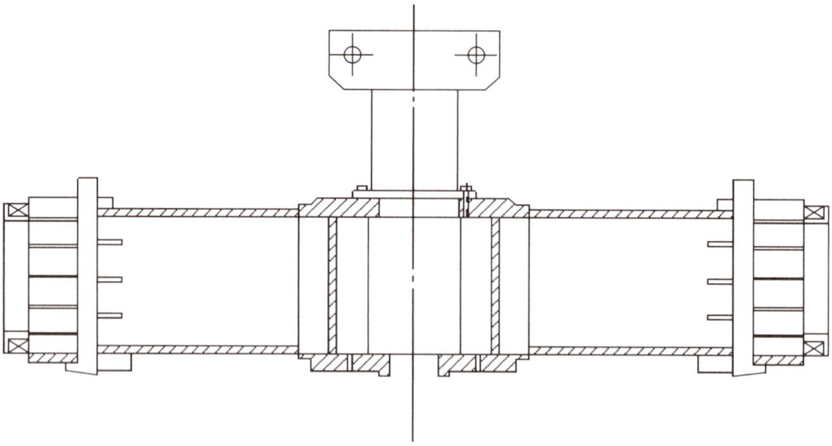

图 3–2　转子连接

（3）检查桥机各部位机械传动以及电气元件，确保桥机使用性能。

（4）对桥机进行空载试验，同时检查各车性能是否完善，具备起吊能力后，大车行走、小车行走对转子中心进行定点、定位，做好明显记号。

（5）落下吊钩，换成慢速挡，并拆出吊钩。

（6）对桥机主起升机构制动器进行调整，制动器打开间隙在 0.6 ～ 0.7mm 范围内，电磁铁行程在 90 ～ 100mm 范围内，且双抱闸间隙应一致。

（7）在桥机主、副钩间加装平衡梁，将桥机的主、副钩分别找正，落至平衡梁两端，插上轴销，装上卡板并紧固螺栓。

（8）组装转子吊具，并调整吊具水平（用水准仪测量）做起落等试运行数次，要求吊钩起落一致，行车行走平衡，吊具保持水平。

（9）确定专人指挥、专人技术指导，指定专人对桥机机械及电气做监护，选派技术能力强的司机及操作监护人。

（10）指定 20 余人站在每个磁极与定子铁芯处，每人把 16mm × 40mm × 2 000mm 木条放在磁极与定子铁芯之间。

起重工艺流程（吊出）：

（1）吊轴与转子连接好（吊轴用专用螺栓与转子中心体连接）。

（2）指挥桥机，将平衡梁吊入，在吊轴上找好中心套入，将半圆卡板卡入吊轴颈槽锁紧，由螺栓固定。

（3）做好起重梁轴套与主轴装配的位置记号，在定子与转子处做好相对位置记号，并做好记录，以便回装时找正用。

（4）在发电机空气间隙内，每个磁极插入 16mm × 40mm × 2 000mm 木条 1 根，起吊转子时不断上下抽动和晃动，防止卡住。

（5）起吊前各工作人员各就各位，准备妥当，由指挥人员向现场领导报告并取得同意后，方可开始起吊。

（6）转子吊起 10 ～ 20mm 后，应停留 10min，由有关人员检查平衡梁、转子水平、卡环、吊轴与转子的连接情况、大梁挠度，其值应符合规定。

（7）以小行程（10 ～ 20mm）升降操作 2 ～ 3 次，检查桥机各部位均正常，才可正式起吊。

（8）吊出过程中，如有木条被卡住，应立即通知指挥人员停车，待找正中心后再继续起吊，直至将转子吊出。此时，可在大车行走轨道和行车梁上做好记录，以便吊入时参考。

（9）转子起吊高度必须超过机组最高点 200mm，行车时必须按指定路线匀速运行至安装场，没有异常情况则中途不得停顿。

（10）转子在检修场下落，找正中心位置平放在支墩上，调整各支墩的锲子板，直到所有支墩均匀受力，经全面检查，确认安放稳定后，待 10 ～ 20min 无异常情况，方可将平衡梁的挡圈和卡环拆下，吊走平衡梁。

（11）将平衡梁吊至指定位置，拆下卡板，抽出轴销，起升两钩与平衡梁分离。

转子吊入及找正起重工艺流程：

（1）转子吊入起重工艺可参照吊出工作步骤，逆向进行。

（2）找正平衡梁，使转子水平（用水准仪测量），起落数次，检查水平及桥机各部位等情况，有问题及时处理。

（3）在吊入至与定子相距 50mm 左右时，精确找中心，检查水平，再徐徐落至升起来的制动闸上，同时以水轮机大轴中心对中，以符合主轴连接要求。

注意事项：

（1）吊装过程中，工作人员应听从指挥，发现问题应及时通知指挥人员，严禁乱嚷乱叫。

（2）绝对不允许出现多人指挥现象。

（3）转子磁极、定子线圈端部不得用脚踩，做好防护措施。

（4）制动器指定专人监护，防止制动轮温度过高以及闸瓦烧坏或滑车现象。

（5）工作人员使用的工具由专人负责登记，随身物件不得带入现场。

（6）禁止无关人员进入现场。

4）转子磁极。

部件尺寸及重量：

（1）磁极高度 3 400mm。

（2）磁极装配重 8 014kg。

起吊工具的准备：

（1）拔磁极专用工具（自制）。

（2）拴紧器 4 套。

（3）专用扳手 1 把。

（4）12t 弓形卸扣 2 个。

起重工艺流程：

（1）将专用吊具吊起，并与磁极相连，同时将专用工具与磁极组装好。

（2）用 2 根 8t 蓝色吊带对折挂在主钩上，每根吊带的绳环用 12t 的卸扣与专用吊具连接。

（3）指挥桥机将吊带拉直，找正中心，用慢钩将磁极吊动。

（4）将磁极吊出一半时，应停钩，并使用 4 套拴紧器在磁极中部拴紧磁极与吊具，以防磁极放倒时滑出。

（5）将磁极吊出机组最高点 500mm 时，行走大车至放置点，行车要匀速。

（6）使用桥机电动葫芦吊起磁极底部，慢慢将磁极放倒在已垫好的枕木上。

（7）将磁极放稳后，拆出吊钩和专用工具，开走桥机。

（8）吊入方式同上逆向进行，在磁极插入一半后，拆出拴紧器，继续落钩。

注意事项：

（1）拔磁极时，由于吊带受力大小不能掌握，工作人员应有防止吊带断裂的保护措施，其他闲杂人员应远离现场。

（2）起吊过程中，必须由一人指挥。

（3）绳子或专用吊具与磁极要连接牢靠，吊带要均匀分布。

（4）在吊入时，磁极与转子相差 10 ～ 20mm 时，应停车找中心，对正键槽，指挥桥机用慢钩缓慢落下。

（5）注意磁极放倒的方向，严禁向专用工具上没有倒钩方向放倒磁极。

5）推力轴承。

油冷却器重量：

油冷却器单重 400kg，共 8 个。

起吊工具的准备：

（1）ϕ12.5 长约 8 ～ 10m 钢丝绳 1 根。

（2）ϕ9.8 长约 1 ～ 2m 钢丝绳头 1 根。

（3）白棕绳若干。

（4）1t 葫芦 1 个。

（5）自制人力推车 1 辆。

（6）与转子上孔口直径一致的吊环 1 个。

起吊工艺流程（不吊转子时）：

（1）将吊环组装在转子上。

（2）用 ϕ12.5 钢丝绳挂在转子上，钢丝绳的两环头挂上 1t 葫芦。

（3）用白棕绳把冷却器捆绑牢固，可用 ϕ9.8 钢丝绳头通过吊其外端一点挂在葫芦钩上。

（4）拉动葫芦，慢慢将冷却器拉出油槽，再待接近一半时改用两点吊，将冷却器吊出，落在地上。

（5）制作人力推车，可将拉出的冷却器放置在人力推车上，推出风洞。

（6）吊出转子后，拆出油槽上盖板，利用桥机将冷却器挂好。

（7）起升过程中，工作人员应掌握好器体的平稳。起升一定高度，器体会自行离开推力油槽，稳住器身，便可将器体吊出。

（8）安装工艺参照上述过程逆向进行。

注意事项：

（1）工作前应调整钢丝绳，使葫芦吊点尽量居于所吊冷却器拉出的正前方或中心位置。

（2）冷却器出（进）槽时，动作应缓慢平稳，严防其铜管与油槽内隔板相撞而损坏铜管。捆绑或运送冷却器时，应防止钢管或散热片受力，使其变形。

（3）必要时在工作场地垫上破布，防止工作时出现打滑现象。

6）推力瓦。

推力瓦重量为 104kg，共 20 块。

起吊工具的准备：

（1）根据推力瓦上的吊耳孔径选择吊环。

（2）白棕绳若干。

（3）1t 葫芦 1 个。

（4）自制人力推车 1 辆。

起吊工艺流程：

推力瓦起吊工艺可与冷却器相同。

7）推力头。

推力头重量：18 900kg。

起吊工具的准备：

（1）推力头拔出时：ϕ50 长约 10 ～ 15m 钢丝绳 2 根，M36 卡环 4 个。

（2）推力头吊入安装时：ϕ22 长约 10 ～ 15m 钢丝绳 2 根，M30 卡环 4 个。

起吊工艺流程：

（1）拆卸吊出，待推力头卡环拆出后，将两根 15m 长的钢丝绳挂于桥机主钩上。

（2）由于推力头是热套于主轴上的，应先由发电机班人员用多次顶起转子并在推力头与镜板之间加垫的方法，利用转子自重下沉而使推力头与主轴逐渐分离，直至主钩的起吊能力可将推力头拔出时，方可停止上述工作。

（3）找正主钩中心位置将推力头拔出，当拔出一定距离后，应将主轴上的键用手扶住或用绳绑住，方可将推力头起升并吊走。

加温及吊入安装流程：

（1）将2根$\phi22\times15$m钢丝绳挂于桥机主钩上，用M30卡扣将推力头悬挂上，吊入加温箱内加温。

（2）待推力头内孔直径变大，推力头本体温度已达70℃以上时，再将推力头悬挂上，清扫后吊至主轴上端，找正中心并调整水平，然后套入主轴，当推力头接近底部时应找正位置后下落。

（3）最后待工作人员彻底检查清扫后，方可将推力头落在镜板上，并打入定位销。

推力头翻身流程：

（1）将一根$\phi30\times15$m钢丝绳挂于主钩上，另一根挂于副钩上，再将推力头悬挂上，起升主、副钩使推力头上升。

（2）当推力头底面离地高度大于2m时，下降副钩则推力头逐渐倾斜，最后副钩钢丝绳完全放松，推力头由主钩悬吊。

（3）卸下副钩钢丝绳，推力头转180°。

（4）再将副钩钢丝绳挂上，并在推力头底面垫木块，避免起吊时钢丝绳与推力头表面相摩擦，起升副钩，则推力头翻转面底面向上。

（5）下落主、副钩，则推力头落于垫有木块的地面上。

（6）将放倒的推力头翻身恢复正位，方法可参照上述过程逆向进行。

8）镜板。

镜板重量：11 870kg。

起吊工具准备及起吊工艺流程：若有专用槽吊梁工具，可用专用吊具吊装；若没有专用槽吊梁工具，可选择$\phi13$、比较长（约20m）的钢丝绳2根（这样可以减少钢丝绳的夹角，防止镜板损伤）。根据镜板上的槽吊耳，吊4点，将镜板慢慢吊出机组；镜板翻面时，采用两点吊，用$\phi15$的20m钢丝绳吊起镜板，直接转动镜板即可；回装与吊出一样，应慢慢落于推力瓦上。

3.1.2 水轮机部分设备起吊工艺

3.1.2.1 水轮机主要部件重量

水轮机主要部件重量见表3-2。

表3-2 水轮机主要部件重量

部件名称	单重/kg
基础环	17 130
底环	23 000

续表

部件名称	单重 /kg
顶盖	116 000
转轮	140 000
主轴	85 000

3.1.2.2　水轮机主要部件的起重工艺

1）水导瓦及油槽。

（1）水导瓦重量 10×135kg，水导油槽重量 676kg。

（2）起重工具准备：2t 葫芦 4 个、ϕ13×6m 钢丝绳若干、短钢丝绳若干，根据水导瓦上吊孔内径选择吊环。

起重工艺流程：

（1）若有环形吊车，可用短钢丝绳挂在吊车吊钩上。

（2）若无环形吊车，应用 ϕ13×6m 钢丝绳一头挂在下机架的支腿上的孔洞内，另一头挂 2t 葫芦，吊钩与水导瓦连接，准备起吊。

（3）旋紧吊环，用钢丝绳连接吊钩与吊环，带上劲。

（4）1 人提升吊钩，同时 2 人用撬棍顶住瓦背，以免瓦面与轴领发卡，损伤瓦面。

（5）瓦体即将吊出时，放慢起吊速度。

（6）水导瓦吊出后开动环形吊车，将瓦面向壁墙放好，并在接触处垫上破布，待稳固后方可松钩。

（7）起吊方法与环形吊车一样。

（8）水导瓦的安装按上述方式逆向进行。

（9）油槽的吊装应在下机架的支腿上挂 4 个 2t 葫芦，根据油槽吊孔选择吊环，吊环与葫芦吊钩连接，待升高 50mm 后，检查有无线路、测滑仪器等阻碍，然后吊出后分解。

（10）同时提升 4 个葫芦，慢慢将油槽吊出。

（11）回装油槽按上述方式逆向进行。

（12）下机架吊出时，水导瓦、油槽可直接用桥机起吊。

注意事项：

水导瓦吊出安装时，由于吊点不正，指挥人员要时刻注意避免前方碰撞，必要时安排 1～2 人专门负责防碰撞和安装对位。

（1）使用撬棍时，注意不要损坏瓦背上的控制线。

（2）回装油槽时，注意不要压坏电气线路。

（3）时刻注意保护瓦面。

（4）油槽吊出和回装时，注意 4 个葫芦要同步，同时要保证水平。

2）顶盖。

顶盖重量：116 000kg（2 瓣）。

起吊工具的准备：

4 根 40t × 5m 吊带，100t 专用卸扣。

起重工艺流程：

参照图 3–3 装好吊具。

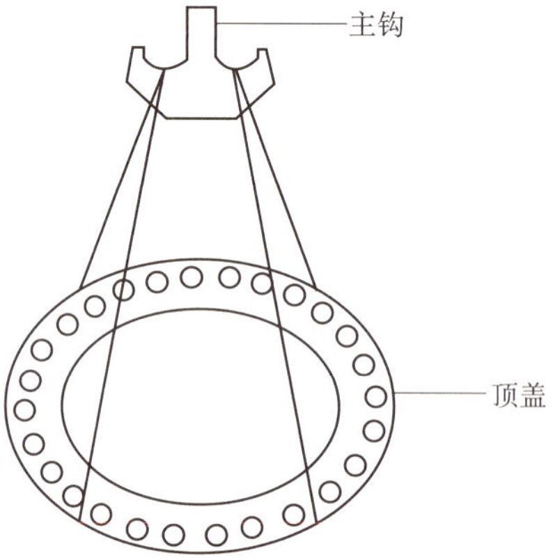

图 3–3　吊具装配示意图

（1）吊点选择：4 根 40t × 10m 吊带对折悬挂于主钩并分布在顶盖上方，使用 100t 卸扣或直接与顶盖上 4 个耳柄（对称均匀分布在距离顶盖上平面 70cm 的外壁上）相连。吊带与顶盖上平面之间使用包裹铜片的羊毛毡铺垫。经过计算，每侧吊装带与顶盖的水平最大夹角约为 38.8°。单侧吊带受力 $F=G/\sin 38.8°$ ≈37.5t，对折使用的吊带可承受拉力 80t，故安全系数为 2.13。

（2）明确施工方案及人员分工配置并明确各自职责。逐项检查施工条件是否具备，吊具是否安装合格并用专用吊带与桥机可靠连接。

（3）找好中心，提升吊钩 50mm，吊带受力后再继续提升 5 ～ 10mm，检查四周是否松动，调整中心再起吊。

（4）顶盖试吊前，顶盖已经通过千斤顶顶出止扣，检查支墩是否稳固，检查顶盖导向杆是否拆出。

（5）顶盖试吊。顶盖全部重量转移到桥机后，起吊 5 ～ 10mm 静置，检查顶盖各部间隙情况，检查顶盖支墩和千斤顶是否有发生倾倒隐患。排除所有隐患后方可进行下一步工作。

（6）正式起吊。间隙监护人员以 90° 夹角对称分布在四周随时监测顶盖间的间隙情况，确保无接触碰撞，缓慢提升顶盖至离地面设备及障碍物最少 0.5m 后方可平移。

（7）行走桥式起重机大小车至安装场顶盖支墩上方，找正中心缓慢落下。

（8）顶盖平稳降落在支墩上并牢固摆放，检查无倾倒危险后落钩卸载。

（9）摘除顶盖专用吊带并按要求摆放整齐，完成顶盖吊出施工作业。

注意事项：

（1）应注意找好中心、水平。

（2）吊装时要仔细，防止吊具、顶盖与水轮机轴法兰发生碰撞。

（3）安装时，基础面应清扫干净，盘根放置位置正确后，方可将顶盖落于基础面上。

（4）注意安全，防止挤手压脚。

3）水轮机主轴。

水轮机主轴重量：85 000kg（包含水轮机大轴补气管）。

起重工具的准备：专用吊具 1 副（重量 3 000kg），如图 3–4 所示。

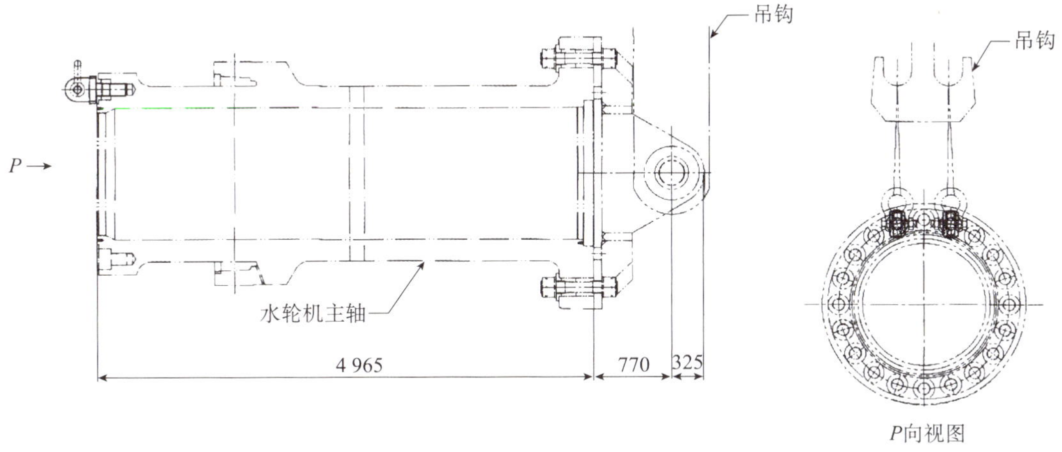

图 3–4 专用吊具

起吊工艺流程：

（1）在水车室搭检修平台或搭好牢固的人字梯。

（2）用主钩将专用吊具悬挂上，找正中心落于水轮机轴法兰平面上，拧上 4 个 M125 螺栓，并用大锤打紧。

（3）找正中心，缓慢起吊。

（4）吊出主轴，平移到指定地方。在主轴下方拧上 2 个 M125 放倒螺栓，使用 40t × 12m 合成纤维吊带与副钩连接，主、副钩同时操作放倒主轴，如图 3–5 所示。

（5）吊入主轴时，应找正中心，缓慢落入机坑，在与支持环和转轮连接时应用慢钩慢慢地落下主轴。

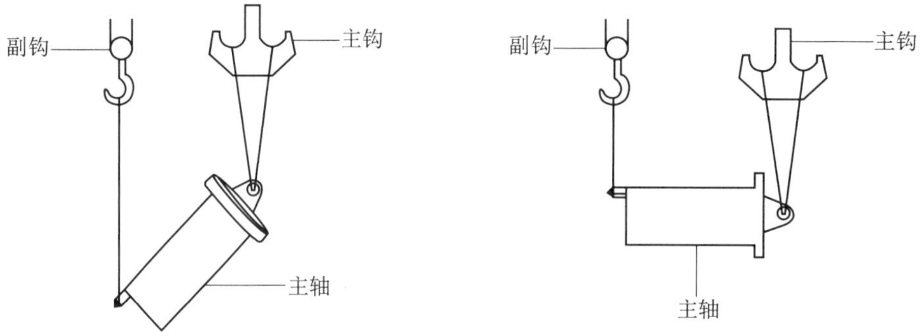

图 3-5　放倒主轴

4）转轮及支持环吊装。

转轮重量：140 000kg。

准备工作：

（1）有碍转轮吊出的零部件已全部拆出吊走，如支撑盖上的全部零件、导叶的拐臂和连杆、导轴承、瓦架、主轴密封等。

（2）转轮已悬挂在转轮悬挂工具上。

（3）水轮机下法兰保护罩已拆出。

（4）水轮机主轴已吊出。

起吊工艺流程：

（1）专用吊具（与水轮机轴共用一套工具，重量 3 000kg）连接牢固，如图 3-6 所示。

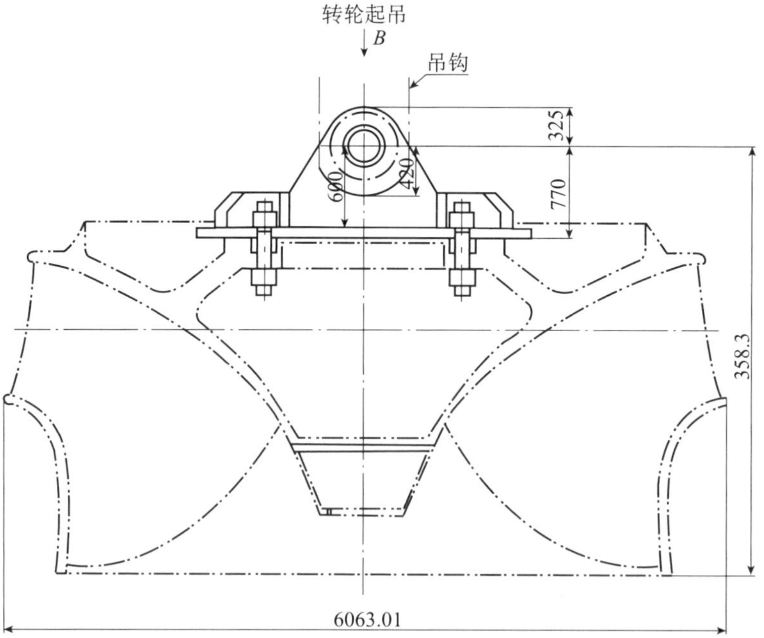

图 3-6　专用吊具安装示意图

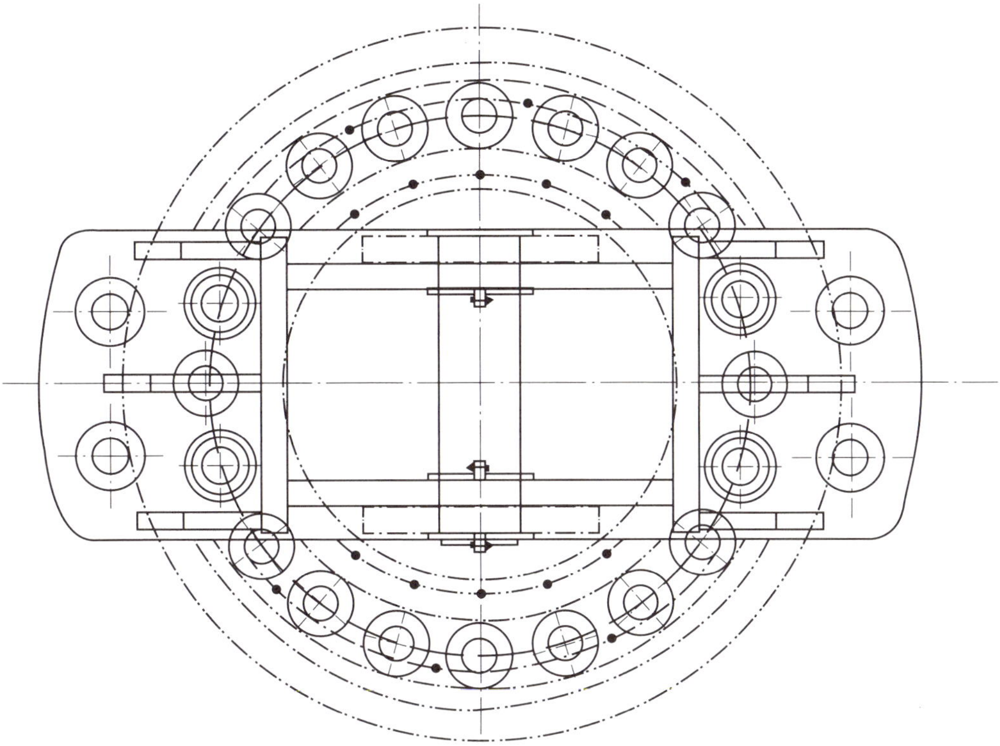

*B*向视图

图 3–6　专用吊具安装示意图（续）

（2）检查桥机机械部分及抱闸部分，以及桥机行走情况。

（3）检查桥机电气部分、电刹部分、配电装置、操作情况。

（4）试吊：主钩起吊约 100mm，静吊 10min，测试桥机的有关性能。

（5）检查桥机各部分情况，派专人监护。

（6）试吊可靠后，指挥主钩起吊，起吊保持平稳，缓慢。

（7）吊出机坑，运往安装场。

（8）将转轮落在支墩上，不松掉桥机，拆下端盖，然后将转轮固定在平台的 6 个支墩上。

安全措施及注意事项：

（1）吊装前应全面检查桥机，同时检查各项准备工作。

（2）吊装应统一指挥，统一信号并清晰准确，吊装时应绝对服从指挥人员的命令。

（3）桥机在起吊约 50 ～ 100mm 时，必须进行起落试验。

（4）无关人员不得进入施工现场。

3.2 隔河岩水电厂检修设备吊装

3.2.1 发电机部分设备起吊工艺

3.2.1.1 发电机各主要部件重量

发电机各主要部件重量见表 3-3。

表 3-3 发电机各主要部件重量

部件名称	单重 /kg
上端轴	12 600
推力头	15 000
磁极	3 960
上导瓦	93
推力瓦	100
镜板	4 300
上机架装配	33 829
转子装配	740 000

3.2.1.2 发电机主要部件及起重工艺

1）上端轴。

部件尺寸与重量：

（1）直径 ϕ1 960mm，高度 2 263mm。

（2）重量 12 600kg。

起吊工具的准备：

（1）上端轴吊具 1 副。

（2）M56 吊环 4 个，M33 卡环 4 个。

（3）ϕ22 钢丝绳（长 6 ～ 8m）2 根。

起吊工艺流程：

（1）在吊出或吊装过程中，应准确找正中心和水平。

（2）先将钢丝绳拉紧，指挥桥机司机用慢钩将上端轴吊出。

（3）将上端轴吊出，放在指定的垫有方木的地点，方木放置均匀。

（4）在取钩前应用手用力推上端轴，检查是否有晃动现象，如有应再次调整，增加锲子板，直至放置牢固。

（5）在安装时，应遵循发电机工作人员的意见，放于指定的方向和位置。

注意事项：

（1）在起吊前应检查上端轴是否与其他物件还有连接，确认无误后方可起吊。

（2）中心与水平应找准，起吊过程中如有偏移应立即调整。

（3）放下时，应用慢钩慢慢放下，以免冲击力将物件碰伤。

2）上、下机架。

部件重量：

上机架装配重量 33 829kg，下机架装配重量 80 400kg。

起吊工具准备：

（1）M64 卡环 4 个。

（2）40t × 12m 吊带 4 根。

（3）小方木墩若干。

起吊方法：

起吊示意图（以上机架为例）见图 3–7。

吊装工艺流程（以下机架为例）：

（1）每根钢丝绳的中部套在吊钩上，两端绳扣与一个卡环相连，卡环再与下机架固定吊环相连，4 根吊带吊在 4 个点上，钢丝绳不重叠、不挤压。

（2）初步找好吊钩中心，升起吊钩，收紧钢丝绳，受力调整均匀。起升 100mm 左右，找中心、水平，检查各方面的情况，无问题后，方可起吊。

（3）四周派人监护，对准空位，缓慢提升出机组部位，再直接起吊至要求高度，行走大车，落至安装场布置好的支墩上。

（4）机架起吊前，应清除支腿各区格间的杂物，以防掉下伤人。

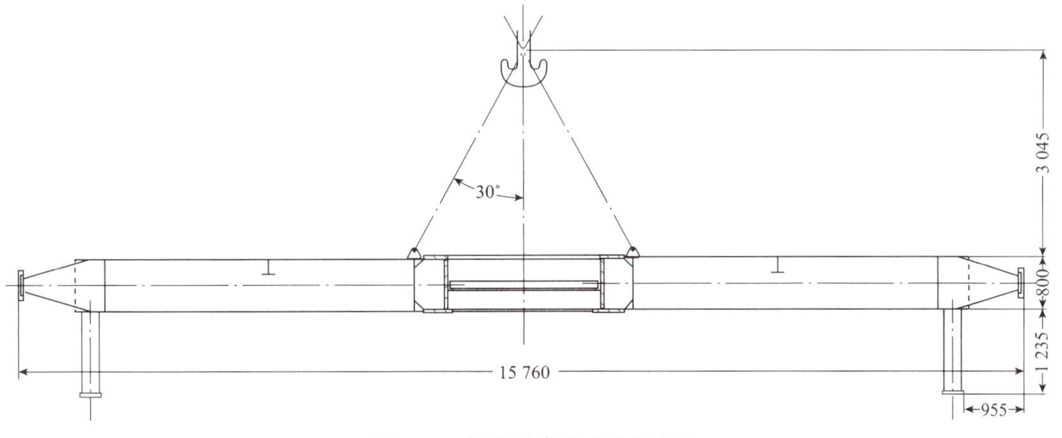

图 3–7　起吊示意图（上机架）

（5）落下吊钩，挂好钢绳（同吊出）。找好吊钩中心，吊起 100mm 左右，找好水平，检查各方面的情况，无问题后，提升至要求高度，行走大车至机坑中心。

（6）机架落至机组部位处，找好中心，对准空位，平稳落下约差 20 ～ 30mm 时，即可将销钉插入，就位后，才可落钩摘绳。

（7）上机架吊装工艺与下机架相同。

注意事项：

（1）起吊前，应检查支腿基础螺栓是否全部卸掉，下机架推力油槽是否还有连接处。

（2）调整水平时，应将重物落下，调节钢丝绳。

（3）如没有可调节螺旋扣时，应选择同等长的钢丝绳和卡扣。

（4）桥机各部位应在起吊前调整好，并有专人监护，以防滑钩或电气损坏。

3）发电机转子。

部件尺寸及重量：

（1）直径 ϕ11 427mm。

（2）高度 2 205mm。

（3）重量 740 000kg（不包括吊具）。

起吊工具的准备：

（1）专用平衡梁 1 组（100 000kg）。

（2）水平尺 1 把。

（3）铝合金梯 2 架。

（4）300mm 活动扳手 2 把。

（5）撬棍若干。

（6）16mm × 40mm × 2 000mm 木条若干。

准备工作（转子连接见图 3–8）：

（1）检查并清扫主销轴、轴承、卡环装置等，发现问题应及时报告工作负责人，做好处理工作，直至符合要求。

（2）支承转子铁墩，均匀分布在圆周承压板上，并初步找好水平。

（3）检查桥机各部位机械传动以及电气元件，确保桥机使用性能。

（4）对桥机进行空载试验，同时检查各车性能是否完善，具备起吊能力后，大车行走、小车行走对转子中心进行定点、定位，做好明显记号。

（5）落下吊钩，换成慢速挡，并拆出吊钩。

（6）对桥机主起升机构制动器进行调整，制动器打开间隙在 0.6 ～ 0.7mm 范围内，电磁铁行程在 90 ～ 100mm 范围内，且双抱闸间隙应一致。

（7）在桥机主、副钩间加装平衡梁，将桥机的主、副钩分别找正，落至平衡梁两端，插上轴销，装上卡板并紧固螺栓。

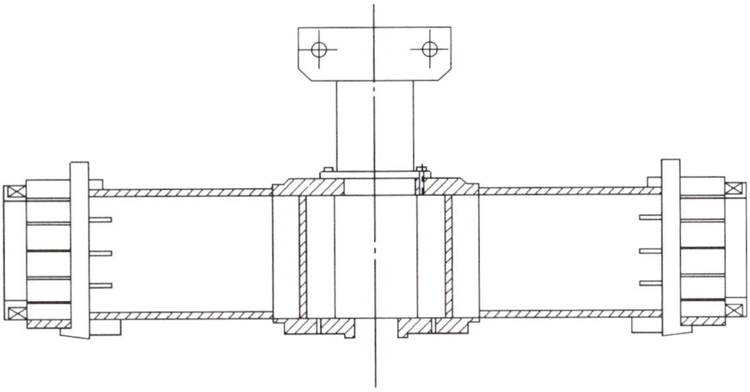

图 3-8　转子连接

（8）组装转子吊具，并调整吊具水平（用水准仪测量）做起落等试运行数次，要求吊钩起落一致，行车行走平衡，吊具保持水平。

（9）确定专人指挥、专人技术指导，指定专人对桥机机械及电气做监护，选派技术能力强的司机及操作监护人。

（10）指定 20 余人站在每个磁极与定子铁芯处，每人把 16mm × 40mm × 2 000mm 木条放在磁极与定子铁芯之间。

起重工艺流程（吊出）：

（1）吊轴与转子连接好（吊轴用专用螺栓与转子中心体连接）。

（2）指挥桥机，将平衡梁吊入，在吊轴上找好中心套入，将半圆卡板卡入吊轴颈槽锁紧，由螺栓固定。

（3）做好起重梁轴套与主轴装配的位置记号，在定子与转子处做好相对位置记号，并做好记录，以便回装时找正用。

（4）在发电机空气间隙内，每个磁极插入 16mm × 40mm × 2 000mm 木条 1 根，起吊转子时不断上下抽动和晃动，防止卡住。

（5）起吊前各工作人员各就各位，准备妥当，由指挥人员向现场领导报告并取得同意后，方可开始起吊。

（6）转子吊起 10 ～ 20mm 后，应停留 10min，由有关人员检查平衡梁、转子水平、卡环、吊轴与转子的连接情况、大梁挠度，其值应符合规定。

（7）以小行程（10 ～ 20mm）升降操作 2 ～ 3 次。检查桥机各部位均正常，才可正式起吊。

（8）吊出过程中，如有木条被卡住，应立即通知指挥人员停车，待找正中心后再继续起吊，直至将转子吊出。此时，可在大车行走轨道和行车梁上做好记录，以便吊入时参考。

（9）转子起吊高度必须超过机组最高点 200mm，行车时必须按指定路线匀速运行至安装场，没有异常情况则中途不得停顿。

（10）转子在检修场下落，找正中心位置平放在支墩上，调整各支墩的锲子板，直到所有支墩均匀受力，经全面检查，确认安放稳定后，待 10 ～ 20min 无异常情况，方可将平衡梁的挡圈和卡环拆下，吊走平衡梁。

（11）将平衡梁吊至指定位置，拆下卡板，抽出轴销，起升两钩与平衡梁分离。

转子吊入及找正起重工艺流程：

（1）转子吊入起重工艺可参照吊出工作步骤，逆向进行。

（2）找正平衡梁，使转子水平（用水准仪测量），起落数次，检查水平及桥机各部位情况，有问题应及时处理。

（3）在吊入至与定子相距 50mm 左右时，精确找中心，检查水平，再徐徐落至升起来的制动闸上，同时以水轮机大轴中心对中，以符合主轴连接要求。

注意事项：

（1）吊装过程中，工作人员应听从指挥，发现问题应及时通知指挥人员，严禁乱嚷乱叫。

（2）绝对不允许出现多人指挥现象。

（3）转子磁极、定子线圈端部不得用脚踩，应做好防护措施。

（4）制动器指定专人监护，防止制动轮温度过高以及闸瓦烧坏或滑车现象。

（5）工作人员使用的工具由专人负责登记，随身物件不得带入现场。

（6）禁止无关人员进入现场。

4）转子磁极。

部件重量及外形尺寸：

（1）重量 3 960kg。

（2）高度 2 259mm。

起吊工具准备：

（1）拔磁极专用工具（自制）。

（2）拴紧器 1 套。

（3）专用扳手 1 把。

（4）M30 卡扣 2 个。

起重工艺流程：

（1）将磁极专用吊具从风洞里抬到转子下面。

（2）用桥机挂白棕绳将专用吊具吊起，并与磁极相连，同时将专用工具与磁极组装好。

（3）将两根 $\phi 20 \times 10$m 钢丝绳中间挂在主钩上，每根钢丝绳头的绳环用 M30 的卡扣与专用吊具相连接。

（4）指挥桥机将钢丝绳拉直，找正中心，用慢钩将磁极吊动。

（5）将磁极吊出一半时，应停钩，并使用拴紧器在磁极中部拴紧磁极与吊具，以防磁极放倒时滑出。

（6）将磁极吊出机组最高点 500mm 时，行走大车至放置点，行车要匀速。

（7）使用桥机电动葫芦吊起磁极底部，慢慢将磁极放倒在已垫好的枕木上。

（8）将磁极放稳后，拆出吊钩和专用工具，开走桥机。

（9）吊入方式同上逆向进行，在磁极插入一半后，拆出拴紧器，继续落钩。

拔磁极时，由于钢丝绳受力大小不能掌握，工作人员应有防止钢丝绳断裂的保护措施，其他闲杂人员应远离现场。并注意如下事项：

（1）起吊过程中，必须由一人指挥。

（2）绳子或专用吊具与磁极要连接牢靠，吊带要均匀分布。

（3）在吊入时，磁极与转子相差 10 ～ 20mm 时，应停车找中心，对正键槽，指挥桥机用慢钩缓慢落下。

（4）注意磁极放倒的方向，严禁向专用工具上没有倒钩方向放倒磁极。

5）推力轴承。

油冷却器重量：

油冷却器单重 400kg，共 8 个。

起吊工具的准备：

（1）ϕ12.5 长约 8 ～ 10m 钢丝绳 1 根。

（2）ϕ9.8 长约 1 ～ 2m 钢丝绳头 1 根。

（3）白棕绳若干。

（4）1t 葫芦 1 个。

（5）自制人力推车 1 辆。

（6）与转子上孔口直径一致的吊环 1 个。

起吊工艺流程（不吊转子时）：

（1）将吊环组装在转子上。

（2）用 ϕ12.5 钢丝绳挂在转子上，钢丝绳的两环头挂上 1t 葫芦。

（3）用白棕绳把冷却器捆绑牢固，可用 ϕ9.8 钢丝绳头通过吊其外端一点挂在葫芦钩上。

（4）拉动葫芦，慢慢将冷却器拉出油槽，再待接近一半时改用两点吊，将冷却器吊出，落在地上。

（5）制作人力推车，可将拉出的冷却器放置在人力推车上，推出风洞。

（6）吊出转子后，拆出油槽上盖板，利用桥机将冷却器挂好。

（7）起升过程中，工作人员应掌握好器体的平稳。起升一定高度，器体会自行离开推力油槽，稳住器身，便可将器体吊出。

（8）安装工艺参照上述过程逆向进行。

注意事项：

（1）工作前应调整钢丝绳，使葫芦吊点尽量居于所吊冷却器拉出的正前方或中心位置。

（2）冷却器出（进）槽时，动作应缓慢平稳，严防其铜管与油槽内隔板相撞而损坏铜管。捆绑或运送冷却器时，应防止钢管或散热片受力，使其变形。

（3）必要时在工作场地垫上破布，防止工作时出现打滑现象。

6）推力瓦。

推力瓦参数：重量为 100kg，共 12 块。

起吊工具的准备：

（1）根据推力瓦上的吊耳孔径选择吊环。

（2）白棕绳若干。

（3）1t 葫芦 1 个。

（4）自制人力推车 1 辆。

起吊工艺流程：

推力瓦起吊工艺可与冷却器相同。

7）推力头。

推力头重量：15 000kg。

起吊工具的准备：

（1）推力头拔出时：ϕ50 长约 10 ～ 15m 钢丝绳 2 根，M36 卡环 4 个。

（2）推力头吊入安装时：ϕ22 长约 10 ～ 15m 钢丝绳 2 根，M30 卡环 4 个。

起吊工艺流程：

（1）拆卸吊出，待推力头卡环拆出后，将两根 15m 长的钢丝绳挂于桥机主钩上。

（2）由于推力头是热套于主轴上的，应先由发电机班人员用多次顶起转子并在推力头与镜板之间加垫的方法，利用转子自重下沉而使推力头与主轴逐渐分离，直至主钩的起吊能力可将推力头拔出时，方可停止上述工作。

（3）找正主钩中心位置将推力头拔出，当拔出一定距离后，应将主轴上的键用手扶住或用绳绑住，方可将推力头起升并吊走。

加温及吊入安装步骤：

（1）将 2 根 $\phi22 \times 15$m 钢丝绳挂于桥机主钩上，用 M30 卡扣将推力头悬挂上，吊入加温箱内加温。

（2）待推力头内孔直径变大，推力头本体温度已达 70℃以上时，再将推力头悬挂上，清扫后吊至主轴上端，找正中心并调整水平，然后套入主轴，当推力头接近底部时应找正位置后下落。

（3）最后待发电机班工作人员彻底检查清扫推力头与镜板结合面间清洁后，方可将推力头落在镜板上，并打入定位销。

推力头翻身步骤：

由正位翻身使推力头底面朝上。

（1）将一根 $\phi30 \times 15$m 钢丝绳挂于主钩上，另一根挂于副钩上，再将推力头悬挂上，起升主、副钩使推力头上升。

（2）当推力头底面离地高度大于 2m 时，下降副钩则推力头逐渐倾斜，最后副钩钢丝绳完全放松，推力头由主钩悬吊。

（3）卸下副钩钢丝绳，将推力头转 180°。

（4）再将副钩钢丝绳挂上，并在推力头底面垫木块，避免起吊时钢丝绳与推力头表面相摩擦，起升副钩，则推力头翻转面底面向上。

（5）下落主、副钩，则推力头落于垫有木块的地面上。

（6）将放倒的推力头翻身恢复正位，方法可参照上述过程逆向进行。

8）镜板。

镜板重量：11 870kg。

起吊工具准备及起吊工艺流程：

若有专用槽吊梁工具，可用专用吊具吊装；若没有专用槽吊梁工具，可选择 ϕ13、比较长（约 20m）的钢丝绳 2 根（这样可以减少钢丝绳的夹角，防止镜板损伤）。根据镜板上的槽吊耳，吊 4 点，将镜板慢慢吊出机组；镜板翻面时，采用两点吊，用 ϕ15 的 20m 钢丝绳吊起镜板，直接转动镜板即可；回装与吊出一样，应慢慢落于推力瓦上。

3.2.2　水轮机部分设备起吊工艺

3.2.2.1　水轮机主要部件重量

水轮机主要部件重量见表 3–4。

表 3–4　水轮机主要部件重量

部件名称	单重 /kg
基础环	17 300
底环	17 300
顶盖	74 000
转轮	90 050
主轴	61 500

3.2.2.2　水轮机主要部件的起重工艺

1）顶盖。

顶盖重量：74 000kg（2 瓣）。

起吊工具的准备：

依照图纸准备工具：4 根 15t × 4m 吊带，专用卸扣。

起重工艺流程：

参照图 3–9 装好吊具，并注意如下事项：

（1）找好中心，提升吊钩 50mm，吊带受力后再稍稍提升，检查四周是否松动，调整中心再起吊，直至全部吊出，再检查水平。如果不水平，用螺旋扣调整。

（2）吊出后平稳地落在安装场布置好的支墩上。

（3）装复时，步骤相反，找好中心，慢慢地吊入机坑，找正中心和顶盖下落方向，再继续慢慢下落就位后，经水轮机检修人员同意，方可拆出吊具。

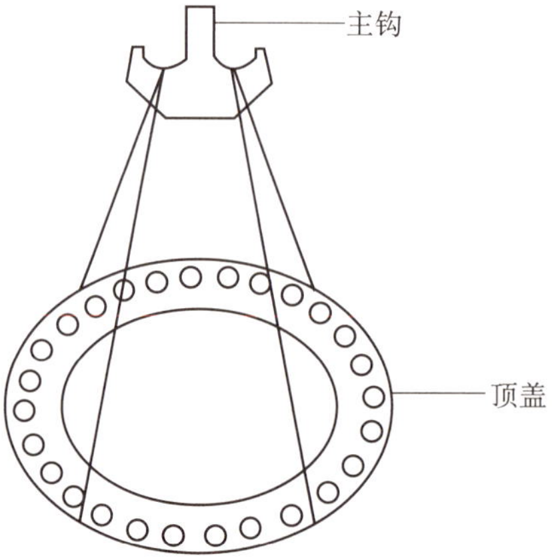

图 3–9　吊具装配

（4）如没有螺旋扣，可在一根吊两点的钢丝绳的一头挂 10t 葫芦，通过葫芦调整钢丝绳的长度和顶盖水平。

注意事项：

（1）应注意找好中心、水平。

（2）吊装时要仔细，防止吊具、顶盖与水轮机轴法兰发生碰撞。

（3）安装时，基础面应清扫干净，盘根放置位置正确后，方可将顶盖落于基础面上。

（4）注意安全，防止挤手压脚。

2）水轮机主轴。

水轮机主轴重量：61 500kg。

起重工具的准备：专用吊具 1 副，如图 3–10 所示。

起吊工艺流程：

（1）在水车室搭检修平台或搭好牢固的人字梯。

（2）用主钩将专用吊具悬挂上，找正中心落于水轮机轴法兰平面上，拧上 4 个 M125 螺栓，并用大锤打紧。

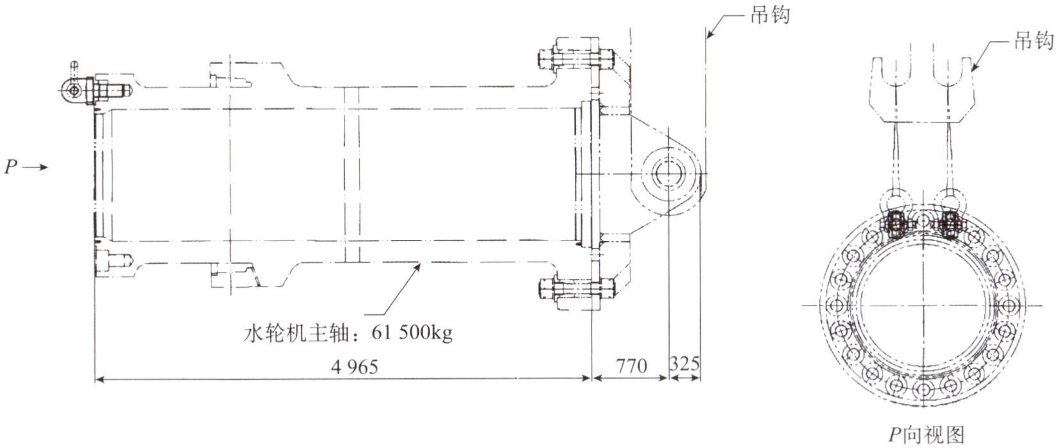

图 3–10 专用吊具

（3）找正中心，缓慢起吊。

（4）吊出主轴，平移到指定地方。在主轴下方拧上 2 个 M125 放倒螺栓，使用 40t × 12m 合成纤维吊带与副钩连接，主、副钩同时操作放倒主轴，如图 3–11 所示。

（5）吊入主轴时，应找正中心，缓慢落入机坑，在与支持环和转轮连接时应用慢钩慢慢地落下主轴。

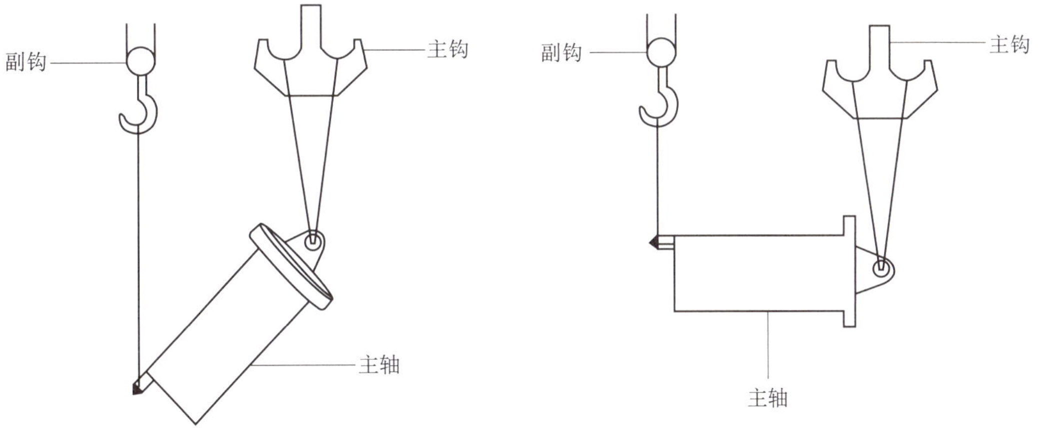

图 3–11 放倒主轴

3）转轮及支持环吊装。

转轮重量：90 050kg。

准备工作：

（1）将有碍转轮吊出的零部件全部拆出吊走，如支撑盖上的全部零件、导叶的拐臂和连杆、导轴承、瓦架、主轴密封等。

（2）将转轮悬挂在转轮悬挂工具上。

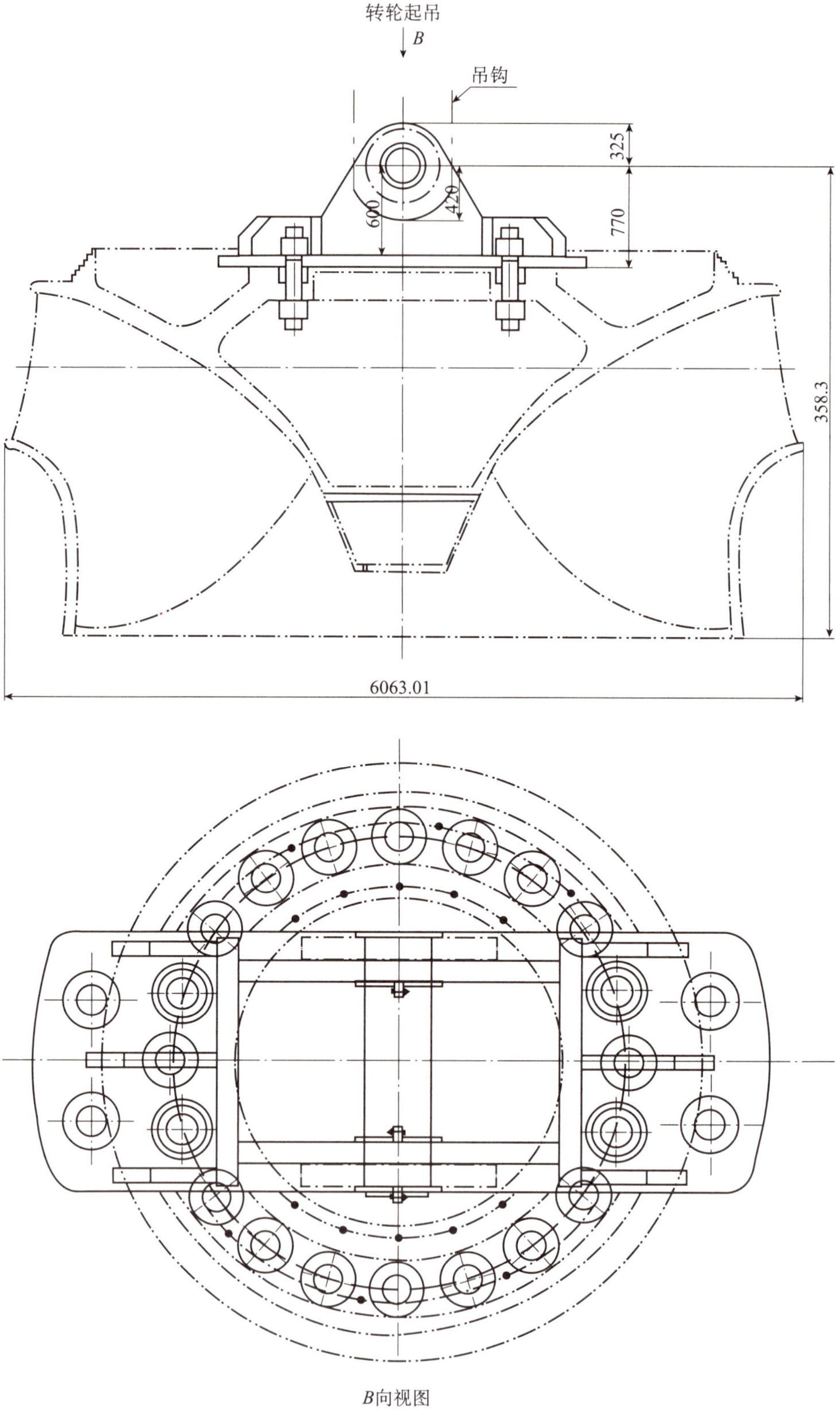

图 3-12　专用吊具安装示意图

（3）拆出水轮机下法兰保护罩。

（4）吊出水轮机主轴。

起吊工艺流程：

（1）专用吊具连接牢固，其安装示意图如图 3–12 所示。

（2）检查桥机机械部分及抱闸部分，以及桥机行走情况。

（3）检查桥机电气部分、电刹部分、配电装置、操作情况。

（4）试吊：主钩起吊约 100mm，静吊 10min，测试桥机的有关性能。

（5）检查桥机各部分情况，派专人监护。

（6）试吊可靠后，指挥主钩起吊，起吊时应保持平稳、缓慢。

（7）吊出机坑，运往安装场。

（8）将转轮落在支墩上，不松掉桥机，拆下端盖，然后将转轮固定在平台的 4 个支墩上。

安全措施及注意事项：

（1）吊装前应全面检查桥机，同时检查各项准备工作。

（2）吊装应统一指挥，统一信号并清晰准确，吊装时应绝对服从指挥人员的命令。

（3）桥机在起吊约 50 ～ 100mm 时，必须进行起落试验。

（4）无关人员不得进入施工现场。

3.3 高坝洲水电厂检修设备吊装

3.3.1 发电机部分设备起吊工艺

3.3.1.1 发电机各主要部件的重量

发电机各主要部件重量见表 3–5。

表 3–5　发电机各主要部件重量

部件名称	单重 /kg
上端轴	13 400
推力头	12 840
磁极	2080
上导瓦	120
推力瓦	104

续表

部件名称	单重 /kg
镜板	5 640
上机架装配	40 300
转子装配	3 300 000
下机架和推力油槽装配	122 100

3.3.1.2 发电机主要部件及起重工艺

1）端罩。

部件尺寸与重量：

（1）最大外径 ϕ3 870mm，最大高度 1 200mm。

（2）重量 5t。

起重工具的准备：

（1）ϕ16 钢丝绳（约 10 ～ 15m）2 根。

（2）M20 卡环 4 个。

（3）M30 吊环 4 个（端罩上有吊环孔时用孔径相配的吊环）。

起重工艺流程：

（1）在吊出或吊装过程中，应准确找正中心与水平。

（2）在起吊时，应检查是否还有螺栓与端罩连接，确定无误时，方可起吊。

（3）端罩吊出后按定置图放于指定位置。

2）上端轴。

部件尺寸与重量：

（1）直径 ϕ1 850mm，高度 2 350mm。

（2）重量 13.4t。

起吊工具的准备：

（1）上端轴吊具 1 副（见图 3-13）。

（2）M56 吊环 4 个，M33 卡环 4 个。

（3）ϕ22 钢丝绳（长 6 ～ 8m）2 根。

起吊工艺流程：

（1）在吊出或吊装过程中，应准确找正中心和水平。

（2）先将钢丝绳拉紧，指挥桥机司机用慢钩将上端轴吊出。

（3）将上端轴吊出，放在指定的垫有方木的地点，方木放置均布。

（4）在取钩前应用手用力推上端轴，检查是否有晃动现象，如有应再次调整，增加锲子板，直至放置牢固。

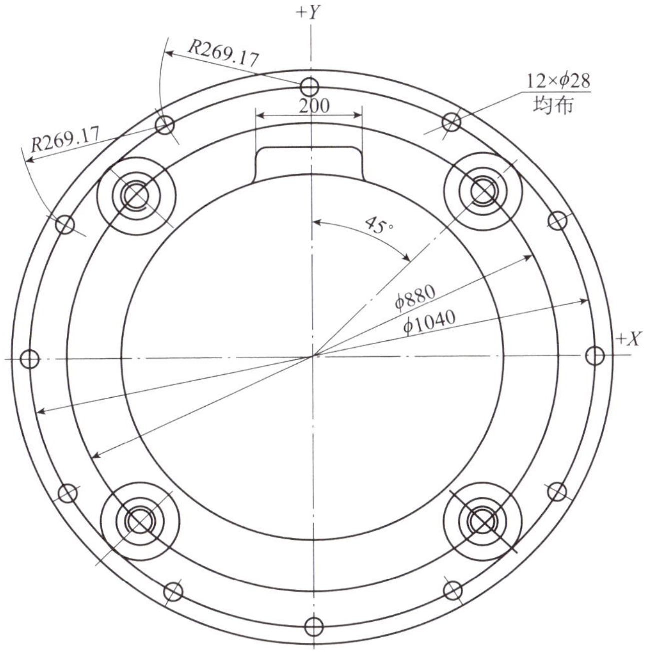

图 3–13　上端轴吊具

（5）在安装时，应遵循发电机工作人员的意见，放于指定的方向和位置。

注意事项：

（1）在起吊前应检查上端轴是否与其他物件还有连接，确认无误后方可起吊。

（2）中心与水平应找准，起吊过程中如有偏移应立即调整。

（3）放下时，应用慢钩慢慢放下，以免冲击力将物件碰伤。

3）上、下机架。

部件重量：

上机架装配重量 40 300kg，下机架装配重量 122 100kg。

起吊工具的准备：

（1）M64 卡环 4 个。

（2）$b \times 37\text{–}\phi 50.0$ 钢丝绳 4 根，每根长 10 ～ 15m。

（3）$b \times 37\text{–}\phi 50.0$ 钢丝绳头 4 根，每根长 4 ～ 6m。

（4）小方木墩若干。

起吊方法：

起吊示意图（以上机架为例）见图 3–14。

吊装工艺流程（以下机架为例）：

（1）每根钢丝绳的中部套在吊钩上，两端绳扣与一个卡环相连，卡环再与下机架固定吊环相连，4 根钢丝绳吊在 4 个点上，钢丝绳不重叠，不挤压。

（2）初步找好吊钩中心，升起吊钩，收紧钢丝绳，受力调整均匀。起升 100mm 左右，找中心、水平，检查各方面的情况，无问题后，方可起吊。

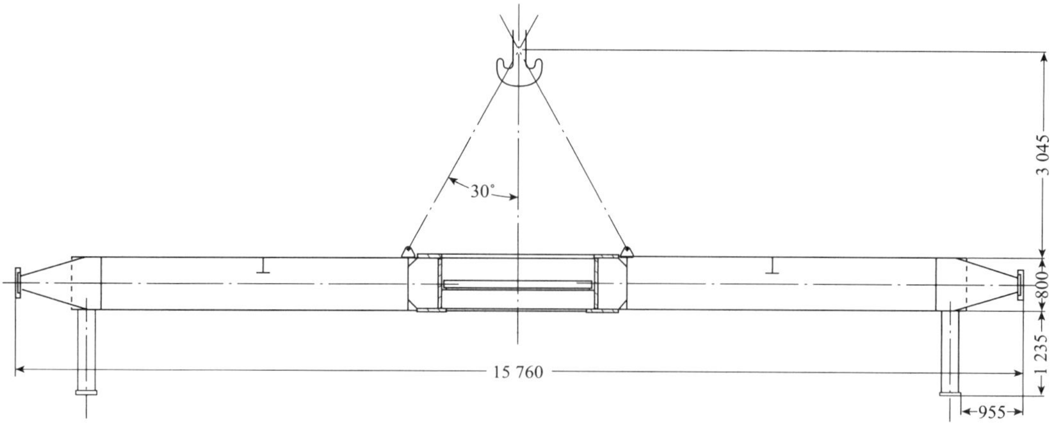

图 3-14　起吊示意图（上机架）

（3）四周派人监护，对准空位，缓慢提升出机组部位，再直接起吊至要求高度，行走大车，落至安装场布置好的支墩上。

（4）机架起吊前，应清除支腿各区格间的杂物，以防掉下伤人。

（5）落下吊钩，挂好钢绳（同吊出）。找好吊钩中心，吊起 100mm 左右，找好水平，检查各方面的情况，无问题后，提升至要求高度，行走大车至机坑中心。

（6）机架落至机组部位处，找好中心，对准空位，平稳落下约差 20 ～ 30mm 时，即可将销钉插入，就位后才可落钩摘绳。

（7）上机架吊装工艺与下机架相同。

注意事项：

（1）起吊前，应检查支腿基础螺栓是否全部卸掉，下机架推力油槽是否还有连接处。

（2）调整水平时，应将重物落下，调节钢丝绳。

（3）如没有可调节螺旋扣时，应选择同等长的钢丝绳和卡扣。

（4）桥机各部位应在起吊前调整好，并有专人监护，以防滑钩或电气损坏。

4）发电机转子。

部件尺寸及重量：

（1）直径 ϕ8 838mm，高度 2 160m。

（2）重量 330t（不包括吊具）。

起吊工具的准备：

（1）专用平衡梁 1 组。

（2）水平尺 1 把。

（3）铝合金梯 2 架。

（4）300mm 活动扳手 2 把。

（5）撬棍若干。

（6）16mm × 40mm × 2 000mm 木条若干。

准备工作（转子连接见图 3–15）：

（1）检查并清扫主销轴、轴承、卡环装置等，发现问题及时报告工作负责人，做好处理工作，直至符合要求。

（2）支承转子铁墩，均匀分布在圆周承压板上，并初步找好水平。

（3）检查桥机各部位机械传动以及电气元件，确保桥机使用性能。

（4）对桥机进行空载试验，同时检查各车性能是否完善，具备起吊能力后，大车行走、小车行走对转子中心进行定点、定位，做好明显记号。

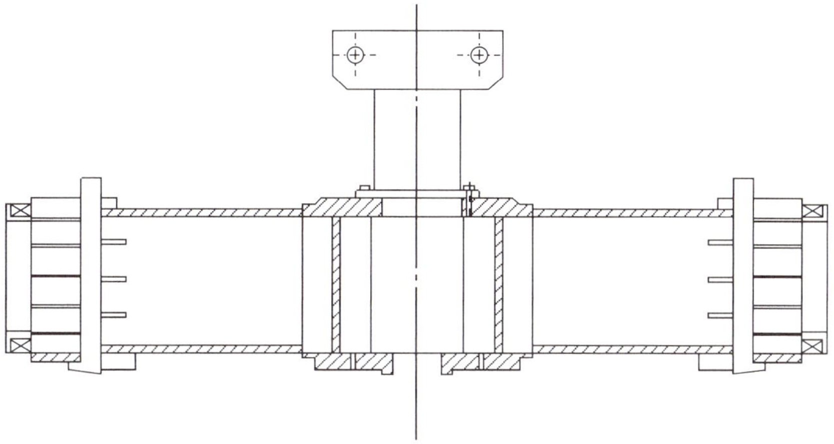

图 3–15　转子连接

（5）落下吊钩，换成慢速挡，并拆出吊钩。

（6）对桥机主起升机构制动器进行调整，制动器打开间隙在 0.6 ～ 0.7mm 范围内，电磁铁行程在 90 ～ 100mm 范围内，且双抱闸间隙应一致。

（7）在桥机主、副钩间加装平衡梁，将桥机的主、副钩分别找正，落至平衡梁两端，插上轴销，装上卡板并紧固螺栓。

（8）组装转子吊具，并调整吊具水平（用水准仪测量）做起落等试运行数次，要求吊钩起落一致，行车行走平衡，吊具保持水平。

（9）确定专人指挥，专人技术指导，指定专人对桥机机械及电气做监护，选派技术能力强的司机及操作监护人。

（10）指定 20 余人站在每个磁极与定子铁芯处，每人把 16mm × 40mm × 2 000mm 木条放在磁极与定子铁芯之间。

起重工艺流程（吊出）：

（1）吊轴与转子连接好（吊轴用专用螺栓与转子中心体连接）。

（2）指挥桥机，将平衡梁吊入，在吊轴上找好中心后套入，将半圆卡板卡入吊轴颈槽锁紧，由螺栓固定。

（3）做好起重梁轴套与主轴装配的位置记号，在定子与转子处做好相对位置记号，并做好记录，以便回装时找正用。

（4）在发电机空气间隙内，每个磁极插入 16mm × 40mm × 2 000mm 木条 1 根，起吊转子时不断上下抽动和晃动，防止卡住。

（5）起吊前各工作人员各就各位，准备妥当，由指挥人员向现场领导报告并取得同意后，方可开始起吊。

（6）转子吊起 10 ～ 20mm 后，应停留 10min，由有关人员检查平衡梁、转子水平、卡环、吊轴与转子的连接情况、大梁挠度，其值应符合规定。

（7）以小行程（10 ～ 20mm）升降操作 2 ～ 3 次，检查桥机各部位均正常，才可正式起吊。

（8）吊出过程中，如有木条被卡住，应立即通知指挥人员停车，待找正中心后再继续起吊，直至将转子吊出。此时，可在大车行走轨道和行车梁上做好记录，以便吊入时参考。

（9）转子起吊高度必须超过机组最高点 200mm，行车时必须按指定路线匀速运行至安装场，没有异常情况则中途不得停顿。

（10）转子在检修场下落，找正中心位置平放在支墩上，调整各支墩的锲子板，直到所有支墩均匀受力，经全面检查，确认安放稳定后，待 10 ～ 20min 无异常情况，方可将平衡梁的挡圈和卡环拆下，吊走平衡梁。

（11）将平衡梁吊至指定位置，拆下卡板，抽出轴销，起升两钩与平衡梁分离。

转子吊入及找正起重工艺流程：

（1）转子吊入起重工艺可参照吊出工作步骤，逆向进行。

（2）找正平衡梁，使转子水平（用水准仪测量），起落数次，检查水平及桥机各部位情况，有问题应及时处理。

（3）在吊入至与定子相距 50mm 左右时，精确找中心，检查水平，再徐徐落至升起来的制动闸上，同时以水轮机大轴中心对中，以符合主轴连接要求。

注意事项：

（1）吊装过程中，工作人员应听从指挥，发现问题应及时通知指挥人员，严禁乱嚷乱叫。

（2）绝对不允许出现多人指挥现象。

（3）转子磁极、定子线圈端部不得用脚踩，做好防护措施。

（4）制动器应指定专人监护，防止出现制动轮温度过高以及闸瓦烧坏或滑车现象。

（5）工作人员使用的工具应由专人负责登记，随身物件不得带入现场。

（6）禁止无关人员进入现场。

5）转子磁极

部件尺寸及重量：

磁极高度 1 732mm，磁极装配重量 2 080kg。

起吊工具准备：

有专用吊具时，按下列工具准备。

（1）拔磁极专用工具（自制）。

（2）ϕ15 长 10 ～ 15m 白棕绳。

（3）专用扳手 1 把。

（4）M30 卡扣 2 个。

没有专用吊具时，按下列工具准备。

（1）起吊重量 8t 的 8m 环形吊带 1 副。

（2）M36 卡扣 1 副。

（3）ϕ19 × 8m 钢丝绳 2 根。

起重工艺流程：

（1）将磁极专用吊具从风洞里抬到转子下面。

（2）用桥机挂白棕绳，将专用吊具吊起，并与磁极相连，同时将专用工具与磁极组装好。

（3）将 ϕ19 × 8m 的 2 根钢丝绳的中间挂在主钩上，每根钢丝绳绳头的绳环用 M30 卡扣与专用吊具相连接。

（4）指挥桥机将钢丝绳拉直，找正中心，用慢钩将磁极吊动。

（5）将磁极吊出一半时，应停钩，用白棕绳在磁极中部打上腰绳，以防磁极放倒时滑出。

（6）将磁极吊出机组最高点 500mm 时，行走大车至放置点，行车要均速。

（7）将磁极放在已垫好的木板上，向要放倒方向走车，在将磁极拉动的同时落钩，慢慢将磁极放倒在已垫好的枕木上。

（8）将磁极放稳后，拆出吊钩和专用工具，开走桥机。

（9）吊入方式依上逆向进行，在磁极插入一半后，拆出腰绳，继续落钩。

（10）将磁极吊入后，应用白棕绳将磁极吊具挂起，然后拆出专用吊具，慢慢将吊具放入风洞。

（11）没有专用吊具时，可用 6 ～ 8t 的环形吊带代替专用吊具，这时腰绳要分上、中、下打 3 道结，并且要牢固可靠，放倒时，不可有脱绳现象。

注意事项：

（1）拔磁极时，由于钢丝绳受力大小不能掌握，工作人员应有防止钢丝绳断裂的保护措施，其他闲杂人员应远离现场。

（2）起吊过程中，必须由一人指挥。

（3）绳子或专用吊具与磁极要连接牢靠，吊带要均匀分布。

（4）在吊入时，磁极与转子相差 10 ～ 20mm 时，应停车找中心，对正键槽，指挥桥机用慢钩缓慢落下。

（5）注意磁极放倒的方向，严禁向专用工具上没有倒钩方向放倒磁极。

（6）严禁在没有挂上白棕绳吊起专用工具时，拆出专用工具。

6）油冷却器。

油冷却器单重 100kg，共 8 个。

起吊工具的准备：

（1）ϕ12.5 长约 8 ～ 10m 钢丝绳 1 根。

（2）ϕ9.8 长约 1 ～ 2m 钢丝绳头 1 根。

（3）白棕绳若干。

（4）1t 葫芦 1 个。

（5）自制人力推车 1 辆。

（6）与转子上孔口直径一致的吊环 1 个。

起吊工艺流程（不吊转子时）：

（1）将吊环组装在转子上。

（2）用 ϕ12.5 钢丝绳挂在转子上，钢丝绳的两环头挂上 1t 葫芦。

（3）用白棕绳把冷却器捆绑牢固，可用 ϕ9.8 钢丝绳头通过吊其外端一点挂在葫芦钩上。

（4）拉动葫芦，慢慢将冷却器拉出油槽，再待接近一半时改用两点吊，将冷却器吊出，落在地上。

（5）制作人力推车，可将拉出的冷却器放置在人力推车上，推出风洞。

（6）吊出转子后，拆出油槽上盖板，利用桥机将冷却器挂好。

（7）起升过程中，工作人员应掌握好器体的平稳。起升一定高度，器体会自行离开推力油槽，稳住器身，便可将器体吊出。

（8）安装工艺参照上述过程逆向进行。

注意事项：

（1）工作前应调整钢丝绳，使葫芦吊点尽量居于所吊冷却器拉出的正前方或中心位置。

（2）冷却器出（进）槽时，动作应缓慢平稳，严防其铜管与油槽内隔板相撞而损坏铜管。捆绑或运送冷却器时，应防止钢管或散热片受力，使其变形。

（3）必要时在工作场地垫上破布，防止工作时出现打滑现象。

7）推力瓦。

推力瓦单重 104kg，共 12 块。

起吊工具的准备：

（1）根据推力瓦上的吊耳孔径选择吊环。

（2）白棕绳若干。

（3）1t 葫芦 1 个。

（4）自制人力推车 1 辆。

起吊工艺流程：

推力瓦起吊工艺可与冷却器相同。

8）推力头。

推力头重量：12.84t。

起吊工具的准备：

（1）推力头拔出时：$\phi 50$ 长约 10 ～ 15m 钢丝绳 2 根，M36 卡环 4 个。

（2）推力头吊入安装时：$\phi 22$ 长约 10 ～ 15m 钢丝绳两根，M30 卡环 4 个。

起吊工艺流程：

（1）拆卸吊出，待推力头卡环拆出后，将两根 15m 长的钢丝绳挂于桥机主钩上，分别在两根钢丝绳任一个端的环扣上各悬挂一个 5t 葫芦。

（2）起吊主钩时将钢丝绳拉紧，并找正中心，钢丝绳的紧度应相同，若有不同应调整葫芦，直至相同。

（3）由于推力头是热套于主轴上的，应先由发电机班人员用多次顶起转子并在推力头与镜板之间加垫的方法，利用转子自重下沉而使推力头与主轴逐渐分离，直至主钩的起吊能力可将推力头拔出时，方可停止上述工作。

（4）找正主钩中心位置将推力头拔出，当拔出一定距离后，应将主轴上的键用手扶住或用绳绑住，方可将推力头起升并吊走。

加温及吊入安装流程：

（1）将 2 根 $\phi 22 \times 15$m 钢丝绳挂于桥机主钩上，用 M30 卡扣将推力头悬挂上，吊入加温箱内加温。

（2）待推力头内孔直径变大，推力头本体温度已达 70℃以上时，再将推力头悬挂上，按吊出方式加挂 2 个 5t 葫芦，清扫后吊至主轴上端，找正中心并调整水平，然后套入主轴，当推力头接近底部时应找正位置后下落。

（3）最后待发电机班工作人员彻底检查清扫推力头与镜板结合面间清洁后，方可将推力头落在镜板上，并打入定位销。

推力头翻身流程：

由正位翻身使推力头底面朝上。

（1）将一根 $\phi 30 \times 15$m 钢丝绳挂于主钩上，另一根挂于副钩上，再将推力头悬挂上，起升主、副钩使推力头上升。

（2）当推力头底面离地高度大于 2m 时，下降副钩则推力头逐渐倾斜，最后副钩钢丝绳完全放松，推力头由主钩悬吊。

（3）卸下副钩钢丝绳，推力头转 180°。

（4）再将副钩钢丝绳挂上，并在推力头底面垫木块，避免起吊时钢丝绳与推力头表面相摩擦，起升副钩，则推力头翻转面底面向上。

（5）下落主、副钩，则推力头落于垫有木块的地面上。

（6）将放倒的推力头翻身恢复正位，方法可参照上述过程逆向进行。

9）镜板。

镜板重量：5.64t。

起吊工具准备及起吊工艺流程：

若有专用槽吊梁工具，可用专用吊具吊装；若没有专用槽吊梁工具，可选择 ϕ13、比较长（约 20m）的钢丝绳 2 根（这样可以减少钢丝绳的夹角，防止镜板损伤），根据镜板上的槽吊耳，吊 4 点，将镜板慢慢吊出机组。镜板翻面时，采用两点吊，用 ϕ15 的 20m 钢丝绳吊起镜板，直接转动镜板即可。回装与吊出一样，应慢慢落于推力瓦上。

3.3.2 水轮机部分设备起吊工艺

3.3.2.1 水轮机主要部件重量

水轮机主要部件重量见表 3-6。

表 3-6 水轮机主要部件重量

部件名称	单重 /kg
座环	88 650
基础环	13 253
底环	21 665
顶盖	25 990
支撑盖	33 750
转轮体	31 180
主轴	70 385
泄水锥	2 218

3.3.2.2 水轮机主要部件的起重工艺

1）水导瓦及油槽。

水导瓦重量 10 × 114kg，水导油槽重量 676kg。

起重工具准备：2t 葫芦 4 副、ϕ13 × 6m 钢丝绳若干、短钢丝绳若干，根据水导瓦上吊孔内径选择吊环。

起重工艺流程：

（1）若有环形吊车，可用短钢丝绳挂在吊车吊钩上。

（2）若无环形吊车，应用 $\phi 13 \times 6$m 钢丝绳一头挂在下机架的支腿上的孔洞内，另一头挂 2t 葫芦，吊钩与水导瓦连接，准备起吊。

（3）旋紧吊环，用钢丝绳连接吊钩与吊环，带上劲。

（4）一人提升吊钩，同时两人用撬棍顶住瓦背，以免瓦面与轴领发卡，损伤瓦面。

（5）瓦体即将吊出时，放慢起吊速度。

（6）水导瓦吊出后开动环形吊车，将瓦面向壁墙放好，并在接触处垫上破布，待稳固后方可松钩。

（7）起吊方法与环形吊车一样。

（8）水导瓦的安装按上述方式逆向进行。

（9）油槽的吊装应在下机架的支腿上挂 4 个 2t 葫芦，根据油槽吊孔选择吊环，吊环与葫芦吊钩连接。待升高 50mm 后，检查有无线路、测滑仪器等阻碍，然后吊出后分解。

（10）同时提升 4 个葫芦，慢慢将油槽吊出。

（11）回装油槽按上述方式逆向进行。

（12）下机架吊出时，水导瓦、油槽可直接用桥机起吊。

注意事项：

水导瓦吊出安装时，由于吊点不正，指挥人员要时刻注意前方碰撞，必要时安排 1 ～ 2 人专门负责防碰撞和安装对位。

（1）使用撬棍时，注意不要损坏瓦背上的控制线。

（2）回装油槽时，注意不要压坏电气线路。

（3）时刻注意保护瓦面。

（4）油槽吊出和回装时，注意 4 个葫芦要同步，同时要保证水平。

2）顶盖。

顶盖重量：25 990kg（2 瓣）。

工具准备：

依照图纸准备工具：专用钢丝绳、专用卡环、专用螺旋扣、吊耳。

起重工艺流程：

参照图 3-16 装好吊具。

（1）找好中心，提升吊钩 50mm，钢丝绳受力后再稍稍提升，检查四周是否松动，调整中心再起吊，直至全部吊出，再检查水平。如果不水平，用螺旋扣调整。

（2）吊出后平稳地落在安装场布置好的支墩上。

（3）装复时，步骤相反，找好中心，慢慢地吊入机坑，找正中心和顶盖下落方向，再继续慢慢下落就位后，经水轮机检修人员同意，方可拆出吊具。

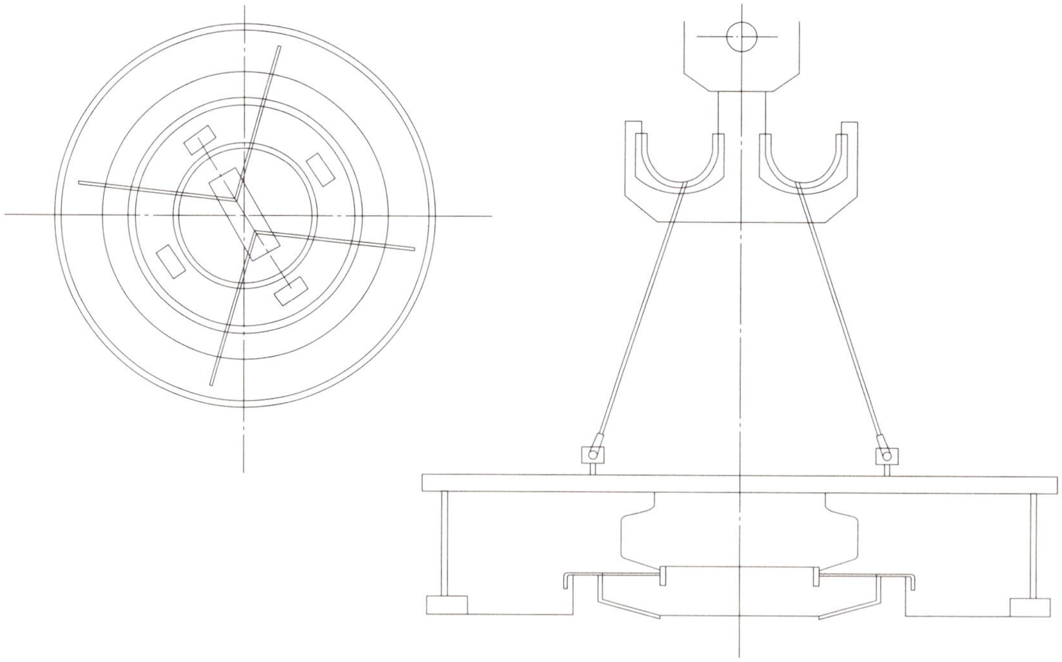

图 3-16　吊具装配示意图

（4）如没有螺旋扣，可在一根吊两点的钢丝绳的一头挂 10t 葫芦，通过葫芦调整钢丝绳的长度和顶盖水平。

注意事项：

（1）应注意找好中心、水平。

（2）吊装时要仔细，防止吊具、顶盖与水轮机轴法兰发生碰撞。

（3）安装时，基础面应清扫干净，盘根放置位置正确后，方可将顶盖落于基础面上。

（4）注意安全，防止挤手压脚。

3）水轮机主轴。

水轮机主轴重量：70 385kg。

起重工具的准备：专用吊具 1 副，见图 3-17。

起吊工艺流程：

（1）在叶片上方搭检修平台或搭好牢固的人字梯。

（2）用主钩将专用吊具悬挂上，找正中心落于水轮机轴法兰平面上，拧上 4 个 M160 螺栓，并用大锤打紧。

（3）找正中心，缓慢起吊。

（4）吊出主轴，平放在指定地方。

（5）吊入主轴时，应找正中心，缓慢落入机坑，在与支持环和转轮连接时应用慢钩慢慢地落下主轴。

（6）听从水轮机班人员的意见，将主轴落下。

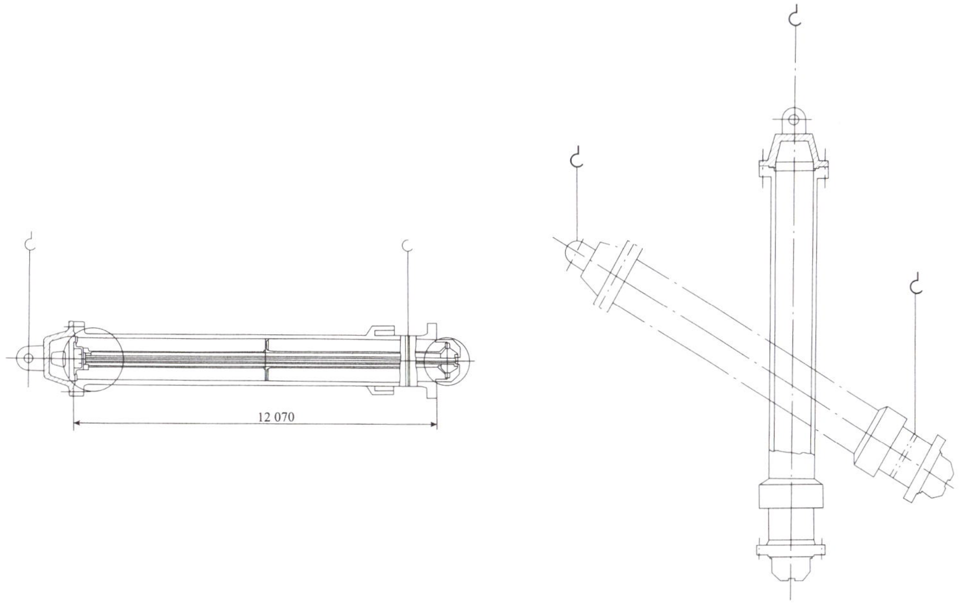

图 3–17　专用吊具

4）转轮及支持环吊装。

转轮重量：31 180kg。

准备工作：

（1）将有碍转轮吊出的零部件全部拆出吊走，如支撑盖上的全部零件、导叶的拐臂和连杆、导轴承、瓦架、主轴密封等。

（2）将转轮悬挂在转轮悬挂工具上。

（3）拆出水轮机下法兰保护罩。

（4）吊出水轮机主轴。

起吊工艺流程：

（1）专用吊具连接牢固，经检查合格。

（2）检查桥机机械部分及抱闸部分，以及桥机行走情况。

（3）检查桥机电气部分、电刹部分、配电装置、操作情况。

（4）试吊：主钩起吊约 100mm，静吊 2 ～ 3min，测试桥机的有关性能。

（5）检查桥机各部分情况，派专人监护。

（6）试吊可靠后，指挥主钩起吊，起吊时应保持平稳、缓慢。

（7）吊出机坑，运往安装场。

（8）将转轮落在支墩上，不松掉桥机，拆下端盖，然后将转轮固定在平台的 4 个支墩上。

安全措施及注意事项：

（1）吊装前应全面检查桥机，同时检查各项准备工作。

（2）吊装应统一指挥，统一信号并清晰准确，吊装时应绝对服从指挥人员的命令。

（3）桥机在起吊约 50 ～ 100mm 时，必须进行起落试验。

（4）无关人员不得进入施工现场。

5）叶片及叶片轴。

叶片轴卸装：

（1）重量及起吊工具（见图 3–18）。

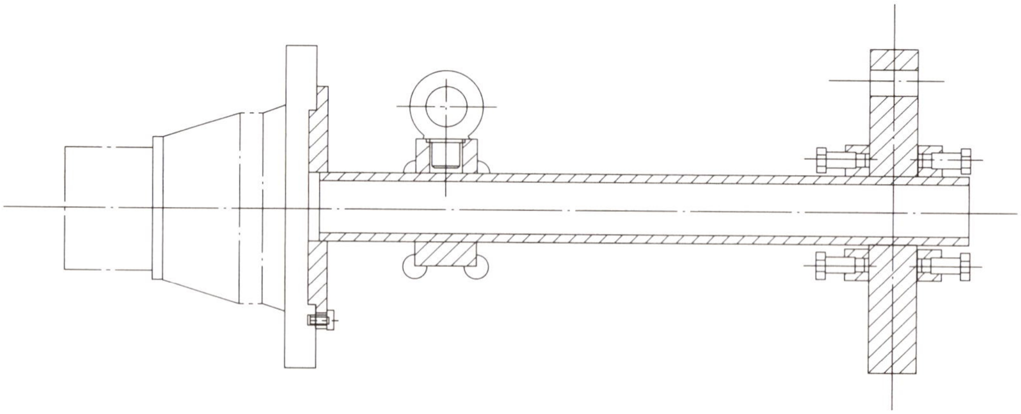

图 3–18 叶片重量及起吊工具示意图

（2）叶片套装工具 1 套：平衡块 1 个；限位块 2 个；平衡座 1 个；吊环螺栓 M48 1 个；螺栓 M24 × 100 4 个，M36 × 90 6 个（见图 3–18）。

（3）ϕ13.0 × 8m 钢丝绳 1 根。

（4）M16 卡环 1 个。

起吊工艺流程：

（1）将转轮体内叶片的活塞杆、转臂及连杆拆出，达到抽叶片的要求。

（2）将平衡座与叶片轴用 M36 螺栓水平组装。

（3）将平衡块、限位块组装在平衡座上与叶片轴法兰相距 1 336mm 的位置上。

（4）将 M48 吊环螺钉装在平衡座上与叶片轴法兰相距 336mm 的位置上。

（5）将钢丝绳中间挂在行车吊钩上，两绳头用卡环与吊环相连，进行试吊，调整平衡块，直至平衡座与叶片轴平衡，方可进行吊装。

（6）吊起叶片轴与叶片孔相平，找正中心，向插进方向慢慢走桥机，同时调整叶片轴与叶片孔的高度。

（7）吊出时，应加 1 个 1t 的葫芦挂在吊钩上，葫芦的钩挂在平衡块上，将平衡座吊起与叶片轴同高，然后进行组装。

（8）拆出葫芦，慢慢地起桥机钩，使叶片轴带劲，小动作走小车，带出叶片轴。

叶片的卸装：

（1）起吊工具（见图 3–19）。

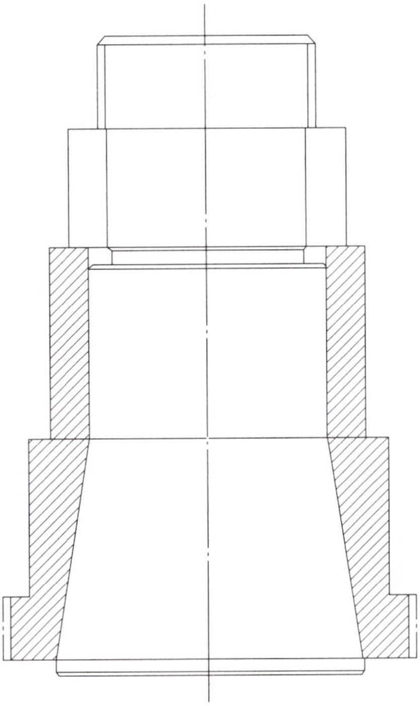

图 3–19　叶片卸装的起吊工具示意图

（2）专用吊钩 1 个。

（3）专用吊具 2 个。

（4）$\phi 13.0 \times 8m$ 钢丝绳 2 根。

（5）M16 卡环 1 个。

起吊工艺流程：

（1）将吊具组装在叶片的法兰上，水平对称。

（2）钢丝绳中间挂在桥机钩上，一根绳的两环头分别挂在两吊具上，另一根绳的两环头用卡环与吊钩相连，挂在叶片边缘上，拧紧固定吊钩螺栓。

（3）将钢丝绳收紧带劲，找正中心，拆出叶片法兰上的固定螺栓，走小车，使叶片与转轮分离，吊出叶片，运往已垫好的木板上。

（4）抽出叶片过程中，注意转轮体内的活塞环不能与叶片轴相卡。

（5）回装方法可依上述方法逆向进行。

（6）桥机应小动作向抽出方向移动，切不可将距离走大，以防拉动转轮体。

6）转轮翻身步骤。

工器具的准备（见图 3–20）：

（1）转轮翻身工具 1 套。

（2）转轮支座 1 个。

（3）$\phi 50 \times 10m$ 钢丝绳 4 根。

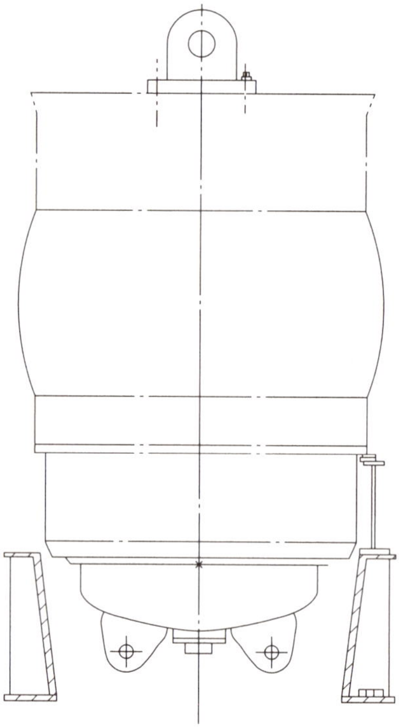

图 3-20　转轮翻身吊具准备示意图

起吊工艺流程：

（1）将转轮翻身工具装在转轮体上端。

（2）将桥机主、副钩找正落下，将两根钢丝绳中部分别挂在两钩上，每根绳的两绳环用卡环与翻身工具上的吊耳相连。

（3）找正中心后，起主钩，当转轮与地面相距 3m 时，落副钩并将钢丝绳与转轮下端盖上的吊耳相连。

（4）将转轮起运到安全的工作场地，落主钩，这时副钩慢慢起升。

（5）起升副钩，使副钩钢丝绳带劲，落主钩，则转轮由副钩悬吊。

（6）走车，将转轮放置在支座上 200mm 处，卸除吊具，慢慢下降，使转轮落置在支座上，放置稳定后，带上螺栓，落副钩，卸除钢丝绳。

注意事项：

（1）在翻身操作中，应由一人统一指挥。

（2）在主、副钩更换时，应指挥桥机慢慢动作，整个翻身操作中，单钩操作除了空钩上升外，带负荷时只能下降，不得有起升动作。

（3）严禁操作现场有人在转轮下停留或行走。

（4）非工作人员不得进入操作现场。

（5）在转轮落入支座后，应将转轮与支座用螺栓连接后，方可卸除钢丝绳。

7）内、外操作油管吊装。

在吊水轮机大轴时，就应将内、外操作油管的吊具安装好，以便油管与大轴能一起起吊。

工器具的准备：

（1）专用吊具 1 副（见图 3–21）。

（2）ϕ15×2m 钢丝绳 4 根。

（3）M20 卡环 4 个。

（4）内操作油管可直接在法兰上装吊环。

起吊工艺流程（以外操作油管为例）：

（1）将外操作油管吊具安装在外操作油管上。

（2）将吊环对称均匀布置在吊具上。

（3）将桥机副钩落下，找好中心，钢丝绳头与吊环用 M20 卡环连接。

（4）起钩，将外操作油管吊出，走大车，将油管平放在安装场上。

注意事项：

（1）吊环要拧紧，一般螺纹要全部拧到根部。

（2）中心要找正，吊钩要慢慢起升，发现问题要及时停车，检查无误后，方可进行起吊。

（3）在刚起升时，一定要有人在大轴下观察油管法兰的起升情况，以免法兰与大轴相撞而发生事故。

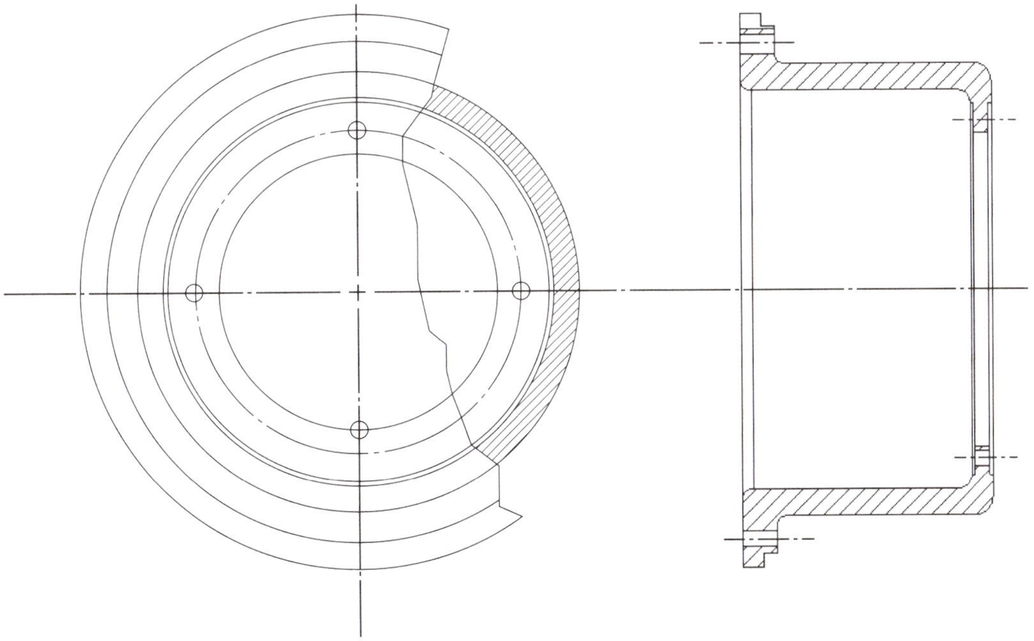

图 3–21　内、外操作油管专用吊具示意图

（4）中心要找正，起钩时要慢慢起升。发现问题要及时停车，检查无误后，方可进行起吊。

（5）在平放油管时，司机要听从指挥人员的指挥，一边落钩一边向油管放倒方向行车，直至钢丝绳与吊钩垂直为止。

（6）在整个起吊过程中，要由一人统一指挥，各部位人员要相互配合。

（7）工作现场严禁无关人员进入。

参考文献

Reference

[1] 张应立，周玉华．桥式起重机安全技术［M］．北京：中国石化出版社，2007.

[2] 于兰阶．水轮发电机组的安装与检修［M］．北京：水利水电出版社，1995.

[3] 电力行业职业技能鉴定指导中心．水电起重机械操作工（桥式 龙门式）．北京：中国电力出版社，2002.